放射能と原発の真実

内海聡

はじめに

本書は原発や放射能問題について私が書いた初めての本になる。放射能と健康に関する話題は拙著『子供を病気にする親・健康にする親』に少し記載があるものの、これだけにテーマを絞って書いた著書はない。原発問題については執筆段階でも3年半以上が経過しており、まさに今さらという感じでもあるのだが、あえて書いたのには当然理由がある。原発問題についてご存知の人ならわかるだろうが、病気が増えるであろう5年のラインまであと少しだからだ。実際、多くの人が勘違いしているようだが、原発は全く収束したわけではない。

私は日本人であり、先祖も生粋の日本人のようだ。しかし現在の日本において原発や福島の問題を取り上げることは、まるで非国民であるかのような風潮さえ感じられる。私たちは現実を直視して次世代の子どもたちに、良い国、良い自然、良い土、良い食べ物と良い社会を継承していきたいはずが、現実は全く逆である。だから私は今の日本が心の底から嫌いだ。花が咲き種が生まれること、種が芽吹きまた新たな種を生むこと、人が子どもを産み社会を形成していくこと、子どもがいなければこの社会は消えてなくなること、自然の摂理に従うこと、それらはすべて同じであり例外はない。そして自然の摂理に最も反しているものこそ原発であり放射能問題である、ということに関しては多くの方にご賛同いただけるのではないか。

私たちは自分の心にもう一度問いかける必要がある。常識や体裁を排して子供に戻って思い返せば、なくしたものはとりかえせなくても、きっと忘れたものを思い出すことは出来る。確かに迷宮の住人には、そこが迷宮であることはわからない。人間は何かを信じたときに、その信じたという自己の窓からしか、世界を見ることが出来ない。その結果窓から少しだけ見えた非現実的な世界が、そのまま彼の中では真実の世界になる。自分が迷宮にいるという自覚がなければ、決してそこから脱出することは出来ない。

私たちに今必要なのは、現実を完全に直視して、この縛られた社会から脱出することではないか。

人間も自然も地球も宇宙も、その摂理と原理によって動いている。自然の摂理に背くものに従えば従うほど、迷宮をさまようことになる。知識は自然を知る第一歩だが、それは摂理ではない。確実なる知は知恵に通じ、智慧に通じる。すべての事柄を理解し理性によってそれを利用し、推論、判断、思考の均衡を保ち、根拠と真実を元にして事をすすめる必要がある。

自然の中には４つの元素があるといわれる。土、水、風、火が本質的な元素となってこの世界を形成している。これらの元素が病気であるということに、あなた方は理解があるだろうか？　それは身体が病気なのではなく、もっと奥深いところですでに病気である。あなたの水はすでに汚染されており、土と土から生じるあなたの身体の要素も全て病気である。火は熱を生み活性を生むが、あなたの中にある火と火の元も全て病気である。風や空気も病気であり、鉱物も全て病気である。

この著書はこのような哲学的意味の中で、人類、日本人、大人たちの罪深さを正面から直視することを第一義として書き上げた。調べれば調べるほどに原子力ムラの話は闇が深く、心があるというのなら、とても直視できないものだ。インディアンの有名な言葉に「7世代先までを考えてすべてを決める」というものがあるが、今の時代、人類のどこに7世代先を考えた人がいるだろうか。それは探すだけでも難しく、ふと見つけたと思ったところで、所詮その人も名誉や体裁や権威から逃げられはしないし、カネや地位やしがらみから逃げられもしない。しかしそのようなことに執着している時期はもはや過ぎ去っており、人類はまるで映画『風の谷のナウシカ』をそのままにしたような、そんな世界でこれからも生きていかねばならない。これは今に始まったことではなく、原発に限ったことでもないだろう。

私には娘がいて、子どもが生まれたことから今の活動をしている。これは他書にも書いてきたが、そんな私の娘ももうすぐ5歳になろうとしている。もう少しすれば私が書いた本を読めるようになるのだろうが、彼女はそれを読んだときにどんな感想を聞かせてくれるのだろうか。おそらく娘としては慰めも含めてよい言葉をかけてくれるかもしれないが、本心はこの世界に対して怒りと恐れを抱くのではなかろうか。それを想像するだけで、私は自分の罪深さを実感する。なぜならこの原発を作ったのも放射能を作ったのも、単に政府や東電が悪魔だからという問題ではなく、自分たちが作り出してきたものだからだ。

私たち人類が作り出してきたものは私たちで片づけるしかない、原発と放射能問題ほどにこの言葉がふさわしい問題もなかなか存在しないであろう。原発と放射能の問題は健康の問題だけでなく、極めて政治的であり経済的である。よって私たちは政治に目を背けることなく、徹底的なまでに政治にアプローチしてそれを破壊せねばならない。今の政治は本来、民主主義が建前として掲げるような定義を何一つ満たしておらず、それもまた私たちが作り出してきたものである。私たちはそれを自分だけで片づけるよりなく、人から言われてやってもそれは努力とも行動ともはいわないのだ。自らの不断の行動だけがそれを打開するカギとなる。

私は放射能に関しての専門家ではなく、多くの放射能に関する専門家の助言をいただいたことをここに感謝したい。そして放射能の専門家でもなんでもない私でも、これくらいは調べられるのだということを、これくらいは考えられるのだということを、これまで考えてこなかった人には考え直していただきたい。この本はその覚悟を示すためにも、ほとんどすべてを実名で、罵倒と呼べるまでに扱き下ろすことも含めて書いている。そのような書物を出版していただいたキラジェンヌにあらためて感謝するとともに、いつも通り私を支えてくれている妻と娘にも感謝の気持ちを捧げたい。

放射能と原発の真実　もくじ

Chapter 3 放射能や放射性物質の基礎事項

Chapter 4 ホットパーティクルと内部被ばくについて

Chapter 5

放射線被ばくにより今後おこること

Part 2 なぜ原発を止められないのか
―止めたくない政官財トライアングルの思惑―

Part 3
隠蔽される情報とデタラメな対策
─医療と数値に翻弄される市民─

Chapter 11
エートスとはなにか?

Chapter 14

放射線ホルミシス効果の嘘

Chapter 15

Chapter 16

Part 4
我々、日本人の未来
―次世代のために、今、やるべきこと―

Chapter 17
測定器の基礎

Part 1

収束しない福島第一原発

放射能は現在も漏洩中

Chapter
1

原発はいま

危険な国策

原発は今どうなっているのか?

実は多くの人が勘違いしているが、原発は全く収束したわけではない。それどころか、より危険な領域へ足を踏み入れているのが現実であり、原発を発展途上国などの外国へ売りつけ、次々と増税して国民の年金も使い込み、TPPで国益を損ねて、憲法・自衛隊法を変えて軍隊を作り日本を戦争へ向かわせ、子供たちの生命までも危険にさらすような人々がいる。どこの誰とはいわないが(というよりこの本で明記するが(笑))、医者もいるし経済団体もいるし政治家などもいるようで、総理大臣というポストについている人もその様だ。

教育再生をしっかりと前に進めて、すべての子どもたちに高い水準の学力と人生の機会をちゃんと保障していく、まっとうな道徳教育と規範意識を教えていく、などという嘘をついているようだが確信犯以外の何物でもない。おそらく経済界とアメリカに従うのが最も道徳的であるという道徳教育でもしたいのだろう。恥を通り越した人々である。

そしていま、原発行政、放射能対策はまさにその大嘘のプロパガンダに基づいて進められている。

日本がやっている放射能行政を総称して、「希釈政策」（汚染瓦礫の拡散や食品の流通、その他）とか「拡散政策」などと呼ぶ（参照139ページ）。その反対の呼称が「閉じ込め政策」であり、本来原発事故対策の基本でもあり世界中から推奨されているのは「閉じ込め政策」である。当然、希釈政策が世界中から非難されていることはもはや常識である。その希釈政策のおかげで、日本にいる限り東なら危険で西なら安全ということはないし（といっても差はあるし福島の線量は違う領域だが）、行政の立場から言えば放射能や原発に関しては、わざと嘘を言うというのが既定路線であり作戦なのだ。彼らにとっては愚民である我々国民が批判しようが、騒ごうがそんなことはお構いないのである。

顕著になってきた甲状腺がん

福島を中心に甲状腺がんや心臓病死が増加傾向にある（参照50ページ）。また福島県立医大はその情報を一元化しているが、これらを暴いたりすることはがん登録法違反となり、それは秘密保護法違反と結び付けられる可能性がある（参照１４５ページ）。これは国家ぐるみで隠蔽したいからに他ならないが、たとえば厚生労働省の外郭組織である「国立社会保障・人口問題研究所」は、「全都道府県で２０４０年の人口が10年と比べ減少する」と公表している。放射性物質はこれに大きく関与するであろうし、ほかのさまざまな社会毒についてもこれに大きく関与するであろう。

残念ながら様々な対策には限界がある。少なく見積もっても解毒（解毒については235ページを参照）をちゃんとしている人たちでさえ、原発爆発前と比すれば被ばくしているわけである。甲状腺がんを代表とする放射性物質による病気は、すぐに出るというより数年たってから顕在化してくる。すでにその兆候はあるがこれから増えることが予想されており、さらにいえばその数字さえも嘘というのが現実なのである。なぜなら放射能との因果関係証明が難しい、心臓疾患や精神疾患や膠原病などがこれから増えると思われるからだ。これは誰ひとり証明することはできないということになり、もちろん過去にデータなども完全なものなどあるわけないということになる。チェルノブイリだからといってすべて参考になるわけではなく、日本の実情はじつはチェルノブイリより厳しいかもしれない。

日本、政治家、官僚、原子力ムラ、経済団体などは日本人でない人が多数を占めるため、基本的に日本や日本人の子供が健康になるのは望んでいない人が多いのが現状だ（政治家と原子力ムラの関係は78ページ参照）。彼らは日本が衰退することを望んでいるのであり、彼らはむしろ仕事を立派に果たしていると表現するのが適切だ。省庁も情報統制の度を強めており、なかなか一般人にまともな情報が落ちてこない。現実的な問題としては国民への多額の賠償を避けたいという思いもあるだろうが、それだけでなく原発推進は原爆開発の推進や維持という目的もあるだろう（85ページ参照）。

すべての毒には共通性がある

ある程度年齢を重ねた大人は放射線のリスクは減るが、子供においては10倍から20倍くらいはリスクが跳ね上がることがわかっている。いまだ放射性物質は垂れ流しであり汚染水の処理に関して見通しは立っていない。もんじゅに代表されるほかの原発機関も危険極まりないもので、それでもこの国は再稼働と原発ビジネスにしか興味がないのだ。そんな中で一般人や市民にできることは、できるだけ多くの情報を周囲に広げることであり、逆説的だが放射能問題を放射能問題としてだけとらえないことも重要だ。すべての毒は共通性があると同時に、大きな目的の中で広められているということを常に考える必要がある。しかしほとんどの日本人が原発爆発から3年半たった現在、もはや過去のものとして原発や放射能行政について忘れつつあるようにも見える。

残念ながら消費税増税も集団的自衛権の容認も、近年の公務員給料や政治家の給与アップも、年金問題の破綻も待機児童削減に対する公約違反も、医療費が38兆円となりさらに大きく見込まれることも、アメリカから高額の武器輸入も武器輸出原則の変更も、TPP推進も発送電分離の拒否も、これらはすべて同根であり同じ構造から生まれたものなのだ。それを見据えた上で原発の今を考えない限り、決して国家レベルでこの原発問題が解決することはない。

本書では福島原発でいったい何があったのかを再検討するとともに、原子力ムラの構図、放射性物質や放射能の基礎、世界における汚染された日本の現在と立場、具体的な対策と考え方などについて、一般人にもわかりやすく解説していきたいと思っている。専門用語も入ってくるができるだけ専門書ではない形で紹介していきたい。

Chapter
2

福島原発では一体なにがあったのか

全電源を失った原子炉

まず復習として何があったのかをニュースや報道などをもとにして、簡単に振り返ってみよう。これらはおそらく他書であれネットであれ何であれ、似たようなことが書いてあるはずである。

記憶に新しい2011年3月11日14時46分に東日本大震災が発生、この不吉な数字の羅列が何を意味するのかも考察する必要はあるが、とにかく公式発表上はマグニチュード9・0、1900年以降4番目の大きな地震となった。福島においては1号機と2号機と3号機が稼働し、4号機から6号機は公式には点検中であった。発表上は地震により受電設備が損傷して電気を使うことができなくなった。またその後非常用のディーゼル発電機を使用しようとしたが、15時27分の津波および複数の津波により非常用発電機は使用不可能となった。そして原子炉は全ての電源を失い、炉心の冷却装置や冷却水の循環ができなくなる。これにより永続的な冷却が困難であることから、東京電力は第1次緊急時態勢を発令し、原子力災害対策特別措置法第10条に基づく特定事象発生の通報を経済産業大臣（海江田万里）、福島県知事（佐藤雄平）、大熊町長（渡辺利綱）、双葉町長（井戸川克隆）と関係各機関に対して行ったとされている。

「ただちに影響はない」

その後状況が悪化するに伴って枝野官房長官が原子力緊急事態宣言の発令を行う。その後は次々と避難指示が出され、格納容器破損を防ぐという名目でベント作業（蒸気の排出作業）が行われ、菅直人首相が原発に向かったのも記憶に新しい有名な話である。

時系列に従い敷地内でも敷地外でも次々と放射線濃度は増大、だいぶ後で東電が発表したとおり、早い段階でメルトダウンしていたことが明らかになっている（このことを日本政府も諸外国も本当は知っていた）。そして3月12日15時36分に有名な水素爆発が起きた。これが水素爆発であるか否かは後述したいと思う（97ページ参照）。この時枝野官房長官は原子炉格納容器の損傷はないと発表したが、もはやそれが確信犯的な嘘であったことは論ずるまでもないだろう。「ただちに影響はない」の言葉はあまりに有名な名言？　失言としてこれからも記憶されることになる。

混沌と情報統制

海水の注水、ホウ酸の添加、度重なるベントと大気への放射性物質の拡散、度重なる爆発で建屋はむき出しとなり、原子力空母ロナルド・レーガンは放射能を検知して遠方へ退避している（後日被ばくしたことに対して訴訟している）。次々と福島県であっても県外であっても高線量が検出され、避難区域は広げられ作業員の放射線量基準も引き上げられた。ニュースで誰もが無駄だと思っていた放水や空からの放水なども繰り広げられたが、現在の状況をかんがみる限り意味はなかったと言わざるを得ない。３月19日から21日ごろとなると多くの地域で高濃度の放射線量が確認され、２号機や３号機から煙が上がるたびにネット上では大きな騒ぎとなったが、マスメディアはほとんどその情報を流さなかった。

内閣府原子力安全委員会は、緊急時迅速放射能影響予測ネットワークシステム（ＳＰＥＥＤＩ）を使った試算を、最初に公表しなかったことが問題となった。さらに原子炉では、立て坑にたまった高濃度汚染水の問題が話題になった。「トレンチ」※といわれればニュースで聞いたと思い出される方も多いだろう。その後この問題は「トレンチ」だけの問題ではない事が分かり、汚染水の問題や地下水汚染ともつながっていた。これら一連は、結局何も問題が解決されていないことを物語っている。

※トレンチ…海水を汲み上げてタービン建屋を冷やす為に、海水を汲み上げるポンプが付いているトンネル。

ここまでが事故から一か月程度の概要であるがここではこれ以上詳しくは扱わない。

詳しくはそれぞれでネットなり誰かの著書なりで確認していただきたい。ただこの公式的な発表の問題についてここでは検討してみたい。

疑わしい公式発表

まず原発の当初だが現実的にはほぼすべてが早期のうちにメルトダウンしており、海外政府の方がそのことをよく把握していた。1号機は早々にメルトダウンし2号機の格納容器も破滅状態で、ベントが繰り返され大気中に放射能をまき散らした。3号機は大爆発したがこれは水素爆発とは到底考えられない。これについては後述するが陰謀論的な話にもつながっていく。4号機は1550本の燃料棒を抱えて崩壊したが、この情報も部分的には疑問点が付く（98ページ参照）。倒壊の危機があると報じられたがその後はその報道さえされなくなった。

神戸新聞などの取材でも明記されているのだが、元東芝の後藤政志氏、元日立の田中光彦氏という2人の原子力エンジニアが、「事故原因は地震による老朽化した配管破断」と述べている。しかしこのことは公式には認められなかったし、それでも多くの作業員が福島原発の老朽化を訴えているのは事実である。つまり多くの技術者たちが全電源喪失と地震の揺れに関係があると訴えているのだが、東電は現在でも公式にそれを否定している。それはそうだろう、それを認めれば東電は自分たちの過失を認めることになる。彼らは原子力などという危険なシロモノなど扱う資格はなかったのだと認めたりはしない。

この福島第一原発が強度が全く壊れていたという話は海外などでも分析されている。たとえば『ネイチャー』という有名雑誌には、ノルウェー大気研究所のアンドリアス・ストール（Andreas Stohl）氏の記事が掲載されている。その解析によると福島からのセシウム137の放出量は、日本政府の公式発表のほぼ倍にあたる、3・5×10^{16}（10の16乗）Bq（ベクレル）に達しており、チェルノブイリのセシウム137放出の半分に相当すること、またセシウム137の主要な放出源として、4号機の使用済み核燃プールを挙げている。ストール氏らはさらに希ガスのキセノン133が大量に放出されたこと、チェルノブイリのキセノン放出を上回ること、福島のキセノン133は地震発生直後から環境に放出されていたことを指摘している。つまり津波だけでなく地震だけでも原発を損傷したことを意味しているのではとされている。ストール氏と日本政府の発表はかなり乖離《かいり》しているのが現状である。

「吉田調書」とは？

そんな中で多くの技術者たちや現場の人々が、被害を食い止めようと努力していたことも伺える。それを示した有名な書類が「吉田調書」だ。これは週刊誌などでも暴露されたが、その中では安倍総理大臣がバレたことを激怒しただけでなく、犯人探しまで行われたというほどの内容のモノ。2014年5月27日付の日刊ゲンダイなどに明らかにされているが、福島第1原発の最高責任者であり、他界した吉田昌郎氏（享年58）が政府事故調査・検証委員会の聴取に答えた約50万字の肉声である。その中には9割の所員が事故直後に逃げ出した、そして付近住民に内緒でベントの作業準備を始めていたなど、多くの証言が掲載されている。吉田氏は消防隊やレスキューには実質的な効果はなかったこと、保安院の担当官まで逃げ出していたこと、がれきの撤去作業のために駆けつけた会社「間組」、高い被ばく線量の中でがれきを撤去したりインフラ整備に尽力してくれたこと、などが掲載されている。

これが福島が爆発して一か月程度の概要と思ってもらえばいいだろう。その後の経過は皆さんがご存知の通りだが、３年半たった今、我々は別の状況に照らし合わせて放射能や原発問題を考え行動していかねばならない。

Chapter

3

放射能や放射性物質の基礎事項

放射線の種類

ここでは放射能や放射線の基礎について復習してみよう。繰り返し述べるが私は放射線物理学の専門家ではないので、引用が多いことについてはご了承いただきたい。

まず放射能、放射線、放射性物質の違いについておさらいしておきたい。

放射能とは放射線を出す力のことを表現している言葉であり、放射線とは放出されるエネルギー自体のこと、違う言い方をすれば物質を透過する力を持った光線に似たものである。放射性物質とは放射能をもっている物質のことであり、放射性物質は、放射線を出しながら壊れていく。放射線自体はα線、β線、γ線、エックス線、中性子線などに大きく分けられる。

まずα線は2個の陽子と2個の中性子からなる粒子線であり、紙1枚でも通り抜けることはできない。要するに簡単に防止できるので、通常の外部被ばくでは重視されない。しかし体内に取り込んだ場合には、活性酸素（増えすぎるとがんをはじめとする現代病を引き起こす物質）が生じるので内部被ばくでは問題になる。この内部被ばくで危険視されているα系放射性物質の代表格がプルトニウムである。そしてβ線は、電子からなる粒子線で、厚さ1㎝のプラスチック板や薄いアルミニウム板を通り抜けられない。α線と同様、体内に取り込まれた場合には、活性酸素が生じるので内部被ばくでは問題になる。それからγ線はレントゲンや電波と同じ電磁波であり、これを遮るのは厚い鉛板くらいである。内部被ばくではα線やβ線が重視視され、外部被ばくではγ線が重要視されるのはこのためである。そのため、ガイガーカウンターは主にγ線を測定する。α線やβ線は透過性が低く、体内に入ってきても内部被ばくの正確な線量を測るのが困難である。放射性物質は本来300種類以上あり、それらのどの種類がどれだけの量、体内にあるのかは誰にも正確にはわからない。ただ確実にいえるのは、γ線だけに注目して測定したところでほとんど意味はないということだ。

放射線の単位と基準

単位としてはBq（ベクレル）とSv（シーベルト）について聞くことが多いだろう。ベクレルとは放射能の強さを表す単位であり、内部被ばくではこの数値が重要視される。1Bqは一秒間に一個の原子核が崩壊することだ。崩壊するときに放射線が発生するわけである。例えばある放射性物質が10秒間に1000個の原子核を崩壊するとすれば、その放射能は100Bqであると表現する。シーベルトは放射線によって人体にどれだけ影響があるかを示す単位であり、実効線量とも呼ばれる。そのため1mSv（ミリシーベルト）以上は安全だとか危険だとか、東海村で亡くなった方が8Svという線量を浴びたとか表現されるわけである。ちなみに一部の測定器では、α線、β線、γ線のすべての放射線が測れるといわれているが、日本では国や大企業からの圧力があるために、一般市民が買うのは困難な状況になっている。また、たとえ買えたとしても、正しい数字が出る測定器は少ないのが現状である（校正がインチキということである）。

メディアが出している情報の多くは、γ線を主体にして出しているものばかりで低くしか出てこない。そもそも論でいうのなら各国における放射能の基準自体が間違っている、とあなたが考えられるかどうかは重要だ。つまりチェルノブイリの基準でさえ高いのであり（なぜこういえるのかはチェルノブイリ後のウクライナなどを参照されたい）日本は論外であるということだ。これは医療的な観点でいえばＣＴや胃のバリウム検査やマンモグラフィーや、最悪は胸のレントゲンを撮るだけでもがんのリスクが増えることと同義だ。ＰＥＴなども被ばくが大きい検査である。それらを無視した基準を前提として、安全危険を述べたところで意味はない。放射能や放射線自体は等しく体を阻害し破壊するだけのシンプルな物質である。この反論としてよく用いられる放射線ホルミシス効果の嘘については１６９ページを参照されたい。

☢ 放射性物質の種類

放射性物質としてよく話題に上がるのがセシウムやヨウ素という物質だが、残念ながら放射性物質はそれだけではなく多種多様なものが存在する。『ＡＥＲＡ』２０１１年6月27日号（朝日新聞出版）18〜19ページには拡散したと見られる、核種31種類とその放出量、線種、強さ、物理的・生物学的半減期、具体的な人体への影響などが掲載されているが、その内容は非常にわかりやすくなっている。ここでは31種を紹介するわけにはいかないが、現在私たち市民が考えなければならない放射性物質について、基礎事項について検討を加えてみたい。国家がセシウムだけを測定して話題にしているのは、ほかにたくさんある核種の危険性を隠すためであり、完全な隠蔽工作であることに気付かねばならない。

『ＡＥＲＡ』の中でもっとも危険な放射性物質として扱われているのがキュリウムである。名前はキュリー夫人に由来するものだが、これは壊変してプルトニウム２３８になる。プルトニウムより危険な物質だが、そのプルトニウムでさえ爆発により４種合計で

原発事故により放出された核種

核種	放出量（ベクレル）	放射線の種類	強さ［MeV］	物理学的半減期	人体での蓄積場所／生物学的半減期
キュリウム 242	1000 億	α	6.1130	162.8 日	骨／ 50 年 肝臓／ 20 年

α壊変してプルトニウム 238 になる

核種	放出量（ベクレル）	放射線の種類	強さ［MeV］	物理学的半減期	人体での蓄積場所／生物学的半減期
プルトニウム 238 プルトニウム 239	190 億 32 億	α α	5.4990 5.1570	87.7 年 2 万 4065 年	骨／ 50 年 肝臓／ 20 年 生殖器／―

同じα線を出すウランと比べても 1 グラム当たりの放射能が数万～数十万倍あり、「放射性毒性」が極めて高い。経口摂取の場合は、不溶解性のため消化管からの吸収は非常に少なく、ほとんどが排泄される。しかし、吸入摂取された場合は、長時間肺にとどまり、その微粒子がリンパ節や血管に移行し、最終的には骨や肝臓などに数十年沈着するため、肺がんや骨がん、肝臓がん、白血病などの要因となる。

核種	放出量（ベクレル）	放射線の種類	強さ［MeV］	物理学的半減期	人体での蓄積場所／生物学的半減期
セシウム 137	1.5 京	β	0.5140	30 年	筋肉、全身／ 2 ～ 110 日

揮発性が高く拡散しやすい。体内に取り込むと、胃腸で急速にほぼ 100%吸収される。全身の筋肉や生殖腺に蓄積し、がんや遺伝子の突然変異を起こす要因となる。女性は乳腺や子宮にも蓄積されやすく、乳がんや子宮がんのリスクとなる。

核種	放出量（ベクレル）	放射線の種類	強さ［MeV］	物理学的半減期	人体での蓄積場所／生物学的半減期
ヨウ素 131	16 京	β	0.6060	8 日	骨／ 13.7 年 その他全身／ 20 日

体内に取り込まれると半分は排泄され、25%は骨に蓄積、残留し、骨がん、白血病などの要因になる。残りの 25%は人体のその他のすべての器官や組織に分布するが、訳 20 日で半減する。テルルの放射性同位体の多くは、β壊変してヨウ素の放射性同位体となるので、甲状腺に集まり甲状腺がんなどの要因にもなる。

核種	放出量（ベクレル）	放射線の種類	強さ［MeV］	物理学的半減期	人体での蓄積場所／生物学的半減期
ストロンチウム 90	140 兆	β	0.5460	29.1 日	骨／ 50 年

体内に取り込まれると骨に沈着し、骨がんや白血病の要因になる。ストロンチウム 90 はβ壊変して、イットリウム 90 になり、すい臓に蓄積されすい臓がんの要因となる。

核種	放出量（ベクレル）	放射線の種類	強さ［MeV］	物理学的半減期	人体での蓄積場所／生物学的半減期
キセノン 133	1100 京	β	0.3460	5.2 日	―

希ガス（不活性ガス）。吸収しても 95%以上は肺から換気される。

『AERA』2011・6・27 号（朝日新聞出版）より一部抜粋

1兆Bq以上が放出されたといわれている。この数字さえ2014年現在では少ないかもしれず、プルトニウムは放射性毒性が強いことで多くの方がご存知のことだろう。

■プルトニウム

プルトニウムは当初もっとも危険視された放射性物質である。あるデータによると原発事故前から30Bq／㎡のところが全国各地に存在したそうだが、これは冷戦時代の核実験の後遺症が主たる要因であろうと思われる。その主たる放射線はα線であり、本来α線は貫通力が弱いのだが、プルトニウムが体内にとりこまれると永久不滅に内部被ばくすることが問題視されている。これはプルトニウムの半減期が非常に長いこととエネルギーが強いためだ。プルトニウムは気管や肺の繊毛に沈着し、長く留まって組織を被ばくするといわれ、また食べたプルトニウムは胃腸壁を通して吸収されやすく、吸収されたプルトニウムは主として骨に集まりやすい。これは骨のがん、とくに白血病の原因となりかねない。

プルトニウムの化学毒性は重金属並みだが放射線障害毒性はその比ではない。第二次世界大戦後にソ連に対抗するため肥大化した軍需産業が、「デュポン社」「ロッキード社」「ダグラス社」「ダウケミカル社」などだが、この中の「ダウケミカル社の工場は、1955年から一貫して核兵器用のプルトニウム製造先である。このことは高木仁三郎氏『プルトニウムの恐怖』に詳しく記載されているが、それによるとこの会社からは合計100gに近いプルトニウムが漏れ出したと推定されている。プルトニウムの1人あたりの許容量は4000万分の1gなので、これは40億人分の許容量のプルトニウムに当たる。もちろん土壌中の濃度が高いほど、がんや白血病などの発生率が高いデータが存在している。それにそもそも放射能はがんが問題なのではなく、その手前で免疫異常、奇形、体調変化、精神異常など様々な弊害をもたらす事が問題なのである。

この危険なプルトニウムの安全性を強調した嘘つきが、元東京電力社員で東京大学教授の推進派御用学者大橋弘忠氏であるが、彼はプルトニウムのことがバレてくるに従い表舞台から姿を消した。大橋氏はいわゆる原子力ムラの一員であり、多国籍産業の手下であり、科学という名の嘘を盲信している大嘘つきだ。そして、放射能の起こす問題は常に多重因子であるため、証明しづらいことを逆に利用している。ちなみにプルトニウムは重いので飛ばないといわれてきたがこれも嘘であり、フォールアウトによっても広がりをみせたが、もう一つの重要な要素は「ホットパーティクル」である（54ページを参照）。

モリブデン※も必須ミネラルの一つだがこれもまた放射性物質が存在する。これは爪の検査などをするとよくみられるのだが、モリブデンだけでなくいくつかの異常パターンが見受けられる。

※モリブデン…体内では腎臓と肝臓に多く存在し、酸化還元反応を助ける酵素の構成成分。一方で 原子力による放射性物資であるモリブデンは、がんや心筋梗塞、脳卒中の画像診断などに用いる放射性医薬品に使用されている。

■ストロンチウム

ストロンチウムは有名な放射性物質だが、半減期は約29年間と長く、ストロンチウムはカルシウムイオンに類似しているので骨にたまるほか、細胞伝達なども狂わせる作用があり白血病や骨のがんの原因になりやすいといわれる。ただストロンチウムはストロンチウムだけの問題ではなく、壊変してイットリウムになるので、さらに放射線を出し続けるという別の問題がある。ストロンチウムの毒性は一説にはセシウムの数百倍ともいわれており、骨だけでなく、脳にも障害をきたしやすいとされている。ストロンチウムが崩壊してイットリウムに変わると、ほかの臓器（膵臓など）にも移行しやすくなる。ストロンチウムは水に溶けやすい性質があり、土壌に長く止まるというより、セシウムと違って拡散しやすい性質がある。『日刊ゲンダイ』（２０１２年７月12日）によれば、茨城県つくば市のストロンチウムがチェルノブイリの３倍を超えると掲載された。東日本大震災が起きた２０１１年３月、茨城県つくば市の気象研究所が敷地内の降下物を調べたところ、１９８６年のチェルノブイリ自己直後に気象所で観測した値の３倍以上だったという。ストロンチウムは、主として特殊な測定機でないと測れない。学術誌『ネイチャー』には、ラットにストロンチウムを投与した結果、多数が死産となったという記事が掲載されている。有名なスターングラス博士はイットリウムが膵臓に集中し糖尿病になるとも指摘している。日本では戦後から現在にかけて膵臓がん が12倍にもふくれあがってきたが、ＩＣＲＰ（国際放射線防護委員会）が特定のがんと奇形児くらいの関係性しか認めていないことも指摘している。

■セシウム

セシウムはおそらくもっとも有名な放射性物質だが、揮発性が高いことと筋肉に蓄積することに問題がある。胃腸で吸収されやすいのも問題で、カリウムに類似しているのも問題である。セシウムの半減期は、セシウム１３４が約2年、セシウム１３７が約30年と、非常に長い。セシウムを体内に取り込むと、体内では細胞内のミネラルであるカリウムとセシウムの区別がつかず、体の組織へ間違って吸収される。がんの発症や白血球（体内に入った細菌や異物を殺す働きをする細胞）の減少に影響を持つ理由の一つはこのためであり、子どもは特に危険である。セシウムに限ったことではなく放射性物質には物質的半減期と体内半減期がある。一回だけセシウムを取り込んでも体内からはそのうち消えるが、毎日セシウムを取り込めば一定量のセシウムが体に残るようになる。毎日10Bqずつ体内に取り込んだ場合、７００日後（約2年後）には１４００Bqを超えるとされている。

食品基準の異常さ

セシウムは日本では尿中の測定が行われるかＷＢＣ（ホールボディカウンター）が使われる。私自身はＷＢＣは不正確だと思っているので、当院では尿中測定を用いている。ちなみに子どもの尿に１リットル中１Bq含まれていると、だいたい１日に同じだけ取り込んでいるという説がある。成人だと尿の２倍くらい摂取しているであろうとする予測値がある。ちなみに現在の食品に含まれる放射性セシウムの基準値は、１kgあたり一般食品１００Bq、牛乳と乳児用食品50Bq、飲料水と飲用茶10Bqということであり、この基準の異常さはチェルノブイリと見比べてみても、セシウム蓄積予測量を考えても明らかである。

チェルノブイリ原爆事故の影響を調べた医師であり、病理解剖学者であるユーリ・バンダジェフスキー博士は、セシウム137が子どもの体重1kg当たり10Bq蓄積しただけでも、遺伝子に悪影響を与え、不整脈（脈が不規則的な状態）を起こす危険性があると警告している。さらにバンダジェフスキー博士は、体重1kg当たりのセシウム137の蓄積量によって子どもをグループ分けし、以下のような結果を発表している。この数字はWBCの数字であるが、個人的な印象論として述べるとWBCは尿中測定よりも常に高い数字を示す傾向がある。それを加味して我々は考慮しなければならない。

❶ 0～5Bqの蓄積……………………正常な心電図は80%
❷ 12～26Bqの蓄積…………………正常な心電図は40%
❸ 74～100Bqの蓄積………………正常な心電図は12%

自然放射線と人口放射線

このセシウムの危険性を訴えるときに放射性カリウムを持ち出す人が多いが、これはきわめて巧妙な詐欺だ。つまり放射性カリウムは昔からあるのでセシウムは怖くないという巧妙な嘘だ。しかしこれは自然放射線と人口放射線の違いについて検討されていないし、追加の蓄積についても検討されていないし、放射性物質の変化についても検討されていない。カリウムは人体に必須のミネラルで、自然界のカリウムの０・０１％は放射性カリウム40である。大人は一日に平均して３g程度のカリウムを摂取しているが、そうするとカリウム40は90～１００Bq程度である。カリウムの生物学的半減期は30日だが、ずっと循環しているため体内にはずっと蓄積している。このカリウムがもたらす人体被ばくの概算は年間で０・２～０・３mSv程度である。カリウム40はもともと自然界にあり人類はそれに適応してきた歴史があるが、セシウムと比べても単純に被ばく量が違うし（セシウムはカリウムに比べて2倍から3倍の被ばくする）放射線を出す頻度も違うし、人口放射性物質の内部被ばくでは特定の内臓（肝臓、骨、腎臓、性腺や子宮、）に被ばくが集中しやすくなる。また、重要なことは自然界のカリウムに含まれている放射性カリウム40の比率は０・０１％だが、現状の汚染された状態ではセシウムはカリウムと間違えられるため、放射性物質の率を１万分の１以上に上昇させせてしまっている。つまりセシウムはカリウムよりもはるかに危険なのだ。

さらに盲点なのに問題だと思われるのがキセノンである。キセノンは希ガス化してほとんど吸収されないといわれるが、それでもすべてではない。キセノンの問題はすべての放射性物質の中で最も放出量が多く（セシウムの数百倍）、沸点が低いので揮発化して広がりやすいということだ。キセノンが壊変するとセシウム（放射性物質ではないセシウム）になるが、これもまたほかの物質とくっつくことで毒性を発揮する（たとえば水酸化セシウムなど）。

甲状腺にたまるヨウ素

爆発当初にもっとも注目された放射性物質がヨウ素である。実際、その当時は大気中にはヨウ素の放出量が多かった。放射線の強さが半分になることを「半減期」というが、ヨウ素の半減期は8日間である。全体の線量はヨウ素については下がっている。ヨウ素は甲状腺にたまりやすく、甲状腺の組織を破壊してがん化しやすいのが問題視されている。２０１４年２月には福島県民の被ばく症状などを調査している「県民健康管理調査」で、小児の甲状腺がんが激増しており、チェルノブイリの経過と同じく今後さらにがんなどが増えていくことが予想される。最新の報道については１０９ページなども参照していただきたい。またヨウ素は揮発性が高く拡散しやすいので、きわめて憂慮すべき放射性物質なのだが、半減期が短いこともあり最近あまり話題に出なくなってきた。被ばくによって甲状腺がんを発症する危険性は、年齢が高くなるにつれて減少すると考えられているようだが、単一的な素因で考えること自体に問題がある。一番の問題は疫学や統計学的に証明することが困難なことだが、これを御用学者や政治家や官僚は知っていてうまく使っていることに気付かねばならない。彼らの嘘に対抗するには、放射能物理学だけでいちいち対応しても意味がないことを考えねばならない。

さらにヨウ素は胎児に対する危険性が指摘されている。ヨウ素を使った医療検査においても避妊が推奨され、６カ月妊娠を避けるよう警告されている。ヨウ素は尿や汗から解毒しやすい放射能物質なので（逆に言うとそこから出てきやすいので）、放射性ヨウ素で治療を受けた患者が使用するトイレ・流し・ベッドのシーツ・衣服をいつも綺麗にしておくことまで推奨されているのだ。妊婦は受けさせないようにと公式文章で警告されるほどの物質が、いまや日本では当たり前のように汚染され広がっている。チェルノブイリでは、原発事故から9年後に子ども達の甲状腺がんの発生率がピークに達しているというデータがある。またテルルという放射性物質も一部壊変してヨウ素の放射性物質になるので、ヨウ素だけの問題ではないのも押さえておく必要がある。

■トリチウム

トリチウムとは三重水素のことで水素の同位体の1つである。自然界のほとんどは酸化物である三重水素水、トリチウム水HTOとして存在する。この意味が分かる人はいったいどれくらいいるだろうか。単体でいえばこのトリチウムは毒性が薄く、弱いβ線を出して崩壊する。ただ、違う意味でこのトリチウムは最も危険な放射性物質であるという考え方も成立する。トリチウムというのは極論すれば水素であり、自然界ではトリチウム入り水が一番多いわけで、次に多いのがトリチウムが普通の水に溶け込んだものだ。生物の中で最も数が多いのは水素原子と炭素原子と酸素原子であり、つまり人体の中ですべてに影響を与える物質といえる。毒性は弱いが様々な解毒方法をとってももっとも防ぎにくく、種々の場所に入り込んでくることを考えればその怖さがわかる。例えとしてはストロンチウムやプルトニウムを大砲のような兵器とするなら、トリチウムは散弾銃や機関銃のようなものと考えればよい。どちらも嫌だとしか思えないであろう。トリチウムは基本的な化学で考えれば、汚染水から除去することはできない。なぜなら水であり水分子だからだ。唯一放射能を除去すると言われている逆浸透膜型の浄水器でも、トリチウムは除去することができない。半減期も長く12年少しであり藻類、海草、甲殻類、そして魚などの水生生物に集中して蓄積される。トリチウムは脳腫瘍、赤ちゃんの先天性奇形、多くの臓器でのがんだけでなく、その他普遍的な問題を起こす。

これら以外にも多くの放射性物質が存在するが、それらに汚染されているのが今の日本だということをまず押さえなくてはならない。

Chapter
4

ホットパーティクルと内部被ばくについて

放射能を含む金属粒子

これまで放射性物質の基礎と放射線の種類について説明してきた。そして放射性物質は様々な経路を通り土壌や水そして空気を汚染し、私たちの体に入ってくる。外部被ばくは水、空気、土壌の汚染から生じる放射線によって生じ、内部被ばくは食べ物や土壌を介しての水や食べ物、植物やきのこなどの食材による濃縮、大気からの放射性物質の流入などによって生じる。そしてそれと形態を異にしながら独自の形で私たちの体に入ってくる放射性物質、それがホットパーティクルである。ホットパーティクルを作る代表がプルトニウムである。

ホットパーティクルはずっと話題に上がってこなかったが、有名な美味しんぼ問題（いわゆる鼻血描写）などから注目され始めた。ホットパーティクルは、金属・放射能物質・セラミックなどの混合物である。これは特殊な物質であり単に食べたり飲んだりしても体内には吸収されない。そのまま便として体外に排泄されるのだが、これが空気に混入すると別の問題を生じるのだ。福島由来のホットパーティクルの、直径は1・3ミクロンから4ミクロンとされ、ある論文では2・6ミクロンとの記載がある。ここで問題はホットパーティクルは通常の元素もしくはミネラルと異なり、いったん体の中に沈着してしまうと体内半減期で抜けていかないというところである。ちなみに御用学者が「プルトニウムは比重が重いから遠くまで飛ばない」といっていたが、これは明らかな嘘である。物質は微粒子になると比重が重くても遠くまで飛ぶし、黄砂などは比重の重い金属だが中国大陸から日本に飛んでくる。

☢ 爆発直後の鼻血の報告

　このホットパーティクルはほぼすべて呼吸器臓器に付着する。最初が鼻腔や咽頭などの粘膜、次に喉頭などの粘膜、さらにいえば気管支や肺の領域である。たとえばホットパーティクルが鼻の粘膜に吸着すれば、当然ながら鼻血を起こす可能性がある。これは粘膜の強さによって当然ながら出やすい人と出にくい人が生じる。原発爆発直後にSNSのツイッターやフェイスブックなどで、鼻血、喉の痛み、咳、などを訴えていたケースは、一部はこのホットパーティクルが原因と考えられる。もちろん全てではなく放射性物質そのものが原因である場合もあろうが。

　ホットパーティクルは鼻からの吸入か、口からの吸入かによって大きく健康被害が異なる。鼻から吸入されれば当然鼻腔への影響は大きいが肺への影響は小さい。逆に口から吸入されれば気管支や肺への影響は大きくなる。つまり鼻血が出ているということはむしろ喜ばしいと表現することもでき、体の中における最初の防御ラインで微粒子を防いでいる、という風に考えることもできるのだ。だから鼻血でオロオロしてはいけない。ホットパーティクルは爆発時と空からの降下時（フォールアウトなどと呼ばれる）以外は少ない。つまり現在はそれほど多い量ではないので、線量が多い時などにマスクをするなどの防御をすれば、それほど現在では怖い存在ではない。それよりは食材や水の内部被ばくの方がよほど怖いのである。ただこのようなホットパーティクルによって吸入するものは、重くて飛ばないと御用学者が述べていたものも存在するということであり、彼らがいかに嘘つきかを示す科学的材料であると述べることもできる。

フクシマの鼻血

ホットパーティクルについては、東神戸診療所（神戸市中央区）の郷地（ごうち）秀夫所長が2014年7月12日に「福島県の鼻血は放射能被ばくが原因の可能性が高い」という調査結果を学会に発表している。郷地所長が福島県からの避難者などを調査してみたところ、避難者の2人に1人ほどが家族などの鼻血を体験し、普段あまり鼻血を出さなかった子どもの報告数が特に多かったらしい。そのとき、郷地所長は金属粒子が鼻の粘膜に付着したのが引き金となった可能性を指摘している。放射能を含んだ金属粒子は1日100mSvを超える放射線を放出する物もあるというのだ。

ウクライナよりも高い日本の食品基準

とにかく現在の段階では恐ろしいことが二つある。ひとつはもちろん何一つ解決されてない原発と汚染水そのものである。そしてもう一つは拡散希釈政策により我々の体に入ってくる放射性物質、その内部被ばくである。チェルノブイリではBELRAD研究所が子供の内部蓄積量のラインを20Bq/kgに設定している。これは尿中で考えれば尿中には10～20Bq/kg程度の換算ができるのだろうが、この基準ははなはだ嘘というか危険な数字であると私は判断している。ちなみにこの数字は10～15Bq/kgのものを食べ続けているとすぐに閾値《しきいち》※（10～15）に近くなる。たとえばアメリカの水の基準値は0・111Bq/L以下、ウクライナはセシウム137で2Bq/L以下、ウクライナの野菜はセシウム137で40Bq／kg以下だが、日本の基準は再掲載すると放射性セシウムの基準値は、1kgあたり一般食品**100**Bq、牛乳と乳児用食品**50**Bq、飲料水と飲用茶**10**Bqだから現在の日本の基準は海外と照らし合わせてみても高いという話になるわけだ。日本は食事や水などの内部被ばくが問題といわれるのは当然であり、ここにも食品業者を代表とする子供を犠牲にした利権がはびこっている。

※閾値（しきいち）…反応が出る最小の刺激の値。許容できる境界の値。

尿中のセシウム

核実験が頻繁に行われた時代での日本人の尿中セシウム量は、1960年代で0・5～2Bq／kg等データがある（図P60）。もちろんこれは当時の機械の制度の問題などもあるのだが、これは福島が爆発した当初は日本人でも似たような数字がよく散見された。週刊朝日2013年10月4日号の記事に関東の子供たちの体内被ばくについて記事が掲載されているが、要約すると関東15市町で実施されている最新検査で子どもたちの尿の7割からセシウムが検出され、最高値は1リットル当たり1・683Bqだったとしている。常総生協の測定は、2012年3月から開始され、その中の最高値が1・683Bqとのことである。当院が行っている尿中セシウムの検査では、数字としては2014年でもう少し低く出ているのが現状だが、これについては211ページを参照にしていただきたい。もちろんそれは時間経過にも関係しているだろうし、当院に来る測定患者がある程度内部被ばくを意識して生活している人たち、という考え方も成立する。ここでも重要な考え方は、基本的に現代病（がん、免疫疾患、精神疾患な

日本人中学生尿のセシウム137濃度の推移

(1959-1964)

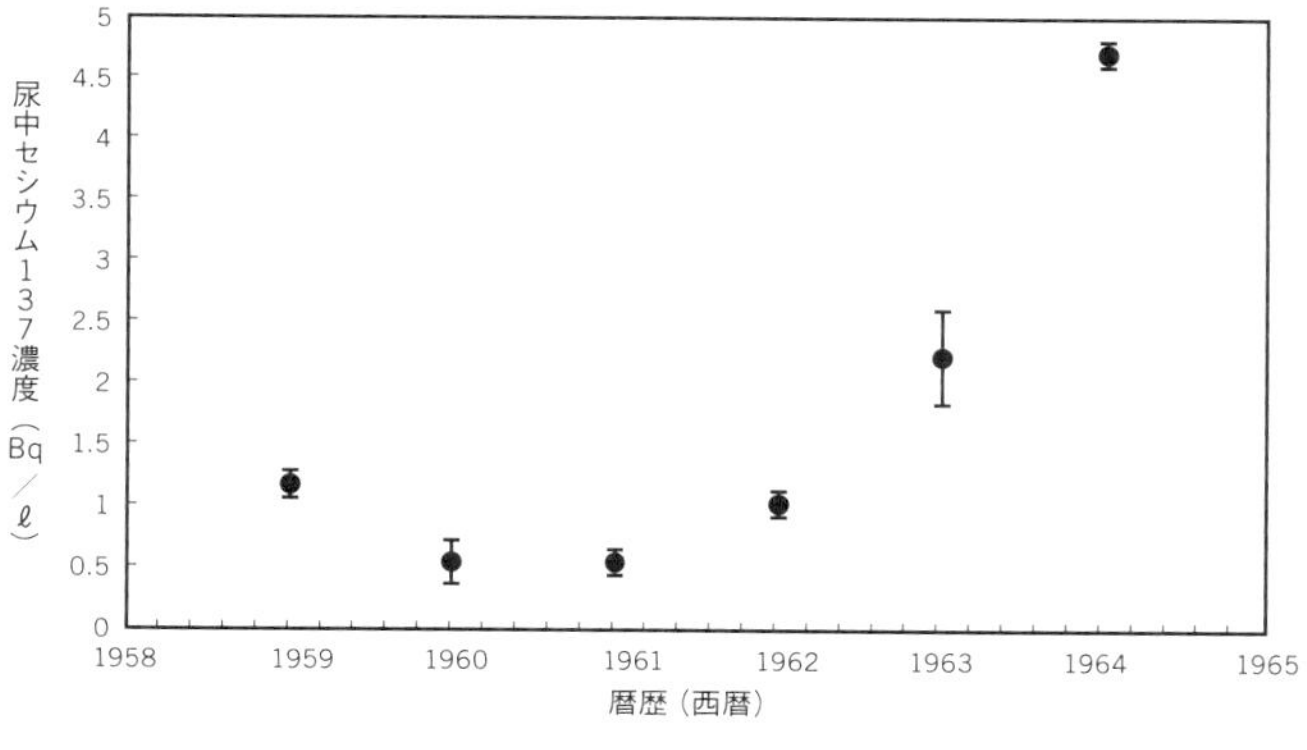

出典　Journal of Radiation research 3 (1962) , Survey Data in Japan 3 (1964) , ibid. 6 (1965)

ど）が戦後急速に増えてきたという歴史を知ること、その一部は核実験やチェルノブイリや原発などの放射能と関係してきたこと、御用学者たちは現代病の増加と放射能は関係ないという表現が、科学が証明できないことを逆に利用していること、それらを考えて福島の問題に対して考えられるかということだ。また放射能の問題だけでなく、複合汚染で考えられるかも重要である。毒の学問を知らなければ知らないほど、放射能を重視し放射能だけを恐れるようになる。

静岡でも高い数値を検出

放射能汚染による体内被ばくが、東海や東北地方にまで及んでいることも記事になっている。福島を中心に２００人以上の子どもの尿検査を続けている「福島老朽原発を考える会」事務局長の青木一政氏の記事を引用する。「昨年11月に静岡県伊東市在住の10歳の男児、一昨年９月には岩手県一関市在住の４歳の女児の尿からセシウムが出ました。この女児の場合、４・６４Bqという高い数字が出たため食べ物を調べたところ、祖母の畑で採れた野菜を気にせずに食べていたのです。試しに測ってみたら、干しシイタケから１kg当たり１８１０Bqが検出されました」ここでいう岩手県の４歳の女児の測定４・６４Bq／kgは２０１１年９月、静岡県伊東市の10歳の男児は０・５２Bqだったとされるがこちらは２０１２年11月の数字だそうだ。これは非常に高い数字であるということが言えよう。言い方を変えれば意識しているかしてないかで相当に数字が変わることになる。

危険なのは放射能だけではない

もちろん内部被ばくについては有名な※ＢＥＩＲⅦ報告（２００５）にもあるように、「被ばくのリスクは低線量に至るまで直線的に存在し続け、閾値はない」という有名なものがあるので、常に意識して避けなければならない。ただ言っておきたいのは放射能だけを意識してほかの毒に無頓着な人が後を絶たないということだ。最悪なのは放射能の危険論者が放射能だけを危険視して、たとえばワクチンとか砂糖などでもそうだが、他の毒はむしろ推奨しているケースである。原爆症治療の話だけとっても（234ページ参照）、これは無知なことこの上ないのだが、いわゆる放射脳と呼ばれる人たち（放射能だけ騒ぎ立てる人たち）はそのことには気付かないし、指摘されようものなら逆ギレするのがオチの愚か者たちでしかない。

※ＢＥＩＲ…「電離放射線の生物学的影響」に関する委員会。米国科学アカデミー（ＮＡＳ）／米国研究評議会（ＮＲＣ）の下に置かれている放射線影響研究評議会（ＢＲＥＲ）内の１つ。

内部被ばくを避けるためには

当院では尿中セシウムの内部被ばく測定を行っているのはたびたび述べたが、２０１４年夏の状況をかんがみれば、東京内ではND（不検出）の人が普通に存在する。検出限界は０・05～０・06Bq／kgなのでこれは常総生協の値と比べると相当低い。これは繰り返すように母体集団が内部被ばくに注意を払っている人が多いので、統計的には参考にはなりにくいが、日本人も現在の状況でもそうなることは可能であることを示唆するものである。もちろんこれはセシウムだけのことなので、他核種においても総合的に判断せねばならない。実際に福島の子どもたちの甲状腺がんは激増しているのが現実である。

仮にセシウム１３７で考えた場合、半減期は１１０日で一日の排出量は０・７％と計算される。毎日被ばくし続けた場合は最大１４０倍に濃縮し、１日１Bq摂取すると最終的には１４０Bqくらいの蓄積になる（図）。他の要素も加味すれば、気を付けるかどうかでは数百倍の違いになる事が推測される。また内部被ばくは食べ物からだけではないので、水や空気（ホットパーティクルも含めて）に対しても注意を払うことが必要である。

セシウム137の体内残留量

―摂取量・摂取状況による違い―

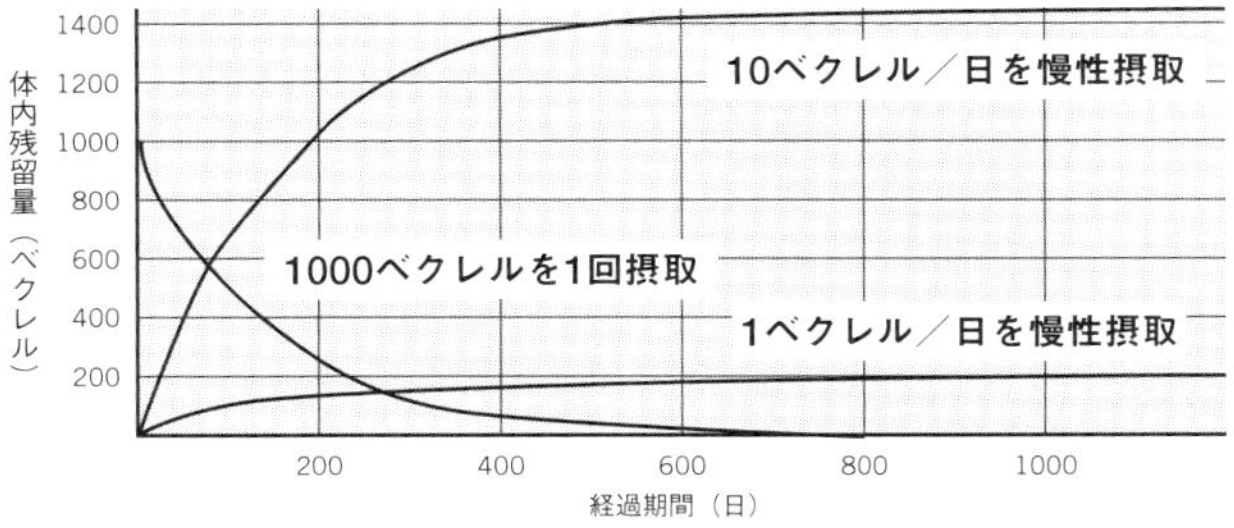

出典　ICRP publ. 111 Application of the Commission's Recommendations to the Protection of individuals Living in Long Term Contaminated Areas After a Nuclear Accident or a Radiation Emergency.

Chapter
5

放射線被ばくにより今後おこること

CT検査でがんが増える

このような状況で放射線被ばくを我々は受けているわけだが、その結果どのようなことが起こるかを考えなければならない。その時に私は講演などでもよく説明するのだが、いったん原発賛成派でも反対派でも述べるような放射能の物理学から、離れたほうが見えやすいことがある。

たとえば医学における放射線検査の視点から考えてみよう。著名な米国の医学者であるロバート・メンデルソン医師は、X線撮影による不必要な放射線の遺伝子影響により、アメリカ人の三万人に死者が出るであろうと示唆している。ちなみに日本は世界一のCT保有国であり、その台数や検査数は二位以下を大きく引き離しているが、この放射能の問題を論じるときに、日本国内で原発事故により被った放射能被ばくは、CTなどより低いとか大して変わらない、だから安全で心配ないなどと報じられてきた。この報じ方は内部被ばくを無視した嘘であり、放射線検査のリスクを隠した嘘なのだ。慶応大学放射線科医の近藤誠氏は、「日本のがんの10％はCT検査を受けることにより生じている」と提言している。そしてマンモグラフィーはやればやるほど乳がんが増えることがわかっている。アメリカの予防医療作業部会は40代の定期検診にマンモグラフィーを勧めていないし、胸のレントゲンを撮り続けるだけで肺がんが増えることも分かっている（チェコレポートなどが有名）。つまり言い方を変えれば、日本人は世界一がんになりたがっている愚かな国民である、ということになるが、このデータたちを見ても低線量だから体にいいとか、CTと同じだから、CTよりも線量が低いから安全というのは嘘だったということが容易に理解できる。ちなみにCTだけでなく造影検査でも胃のバリウム検査でもPETでも、非常に高線量の被ばくであることは常識である。

影響を受けやすいのは子どもや妊婦

ネットを中心に放射能安全派（結局ただの嘘つきだが）であっても危険派であっても、チェルノブイリと福島のどちらが上なのか、どちらの被害が大きくなるのか、という観点でいいあっていることも多い。だがそんなことはどうでもいいことであり、ここは日本であり我々は日本人なのでまずは日本をどうするかが第一であるし、リスクマネージメントの考え方がこの分野は一番必要である。福島で跳梁跋扈する経済優先主義の大人たちになどかける情けはない、という前提で話をすす

ベラルーシでチェルノブイリ事故による甲状腺がんと診断された症例数

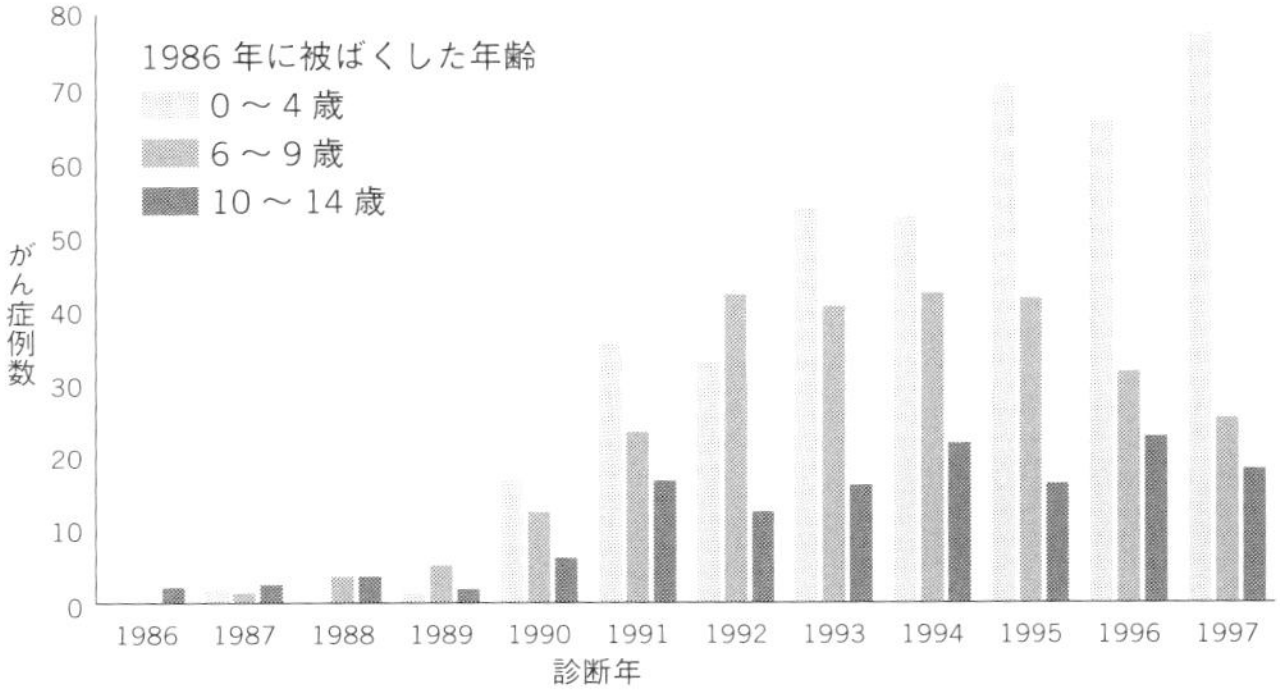

出典　『放射線の線源と影響（下巻）』放射線医学総合研究所　監訳　実業広報社　2002 年 3 月

ベラルーシでの甲状腺がん発生の推移

—地域別症例数—

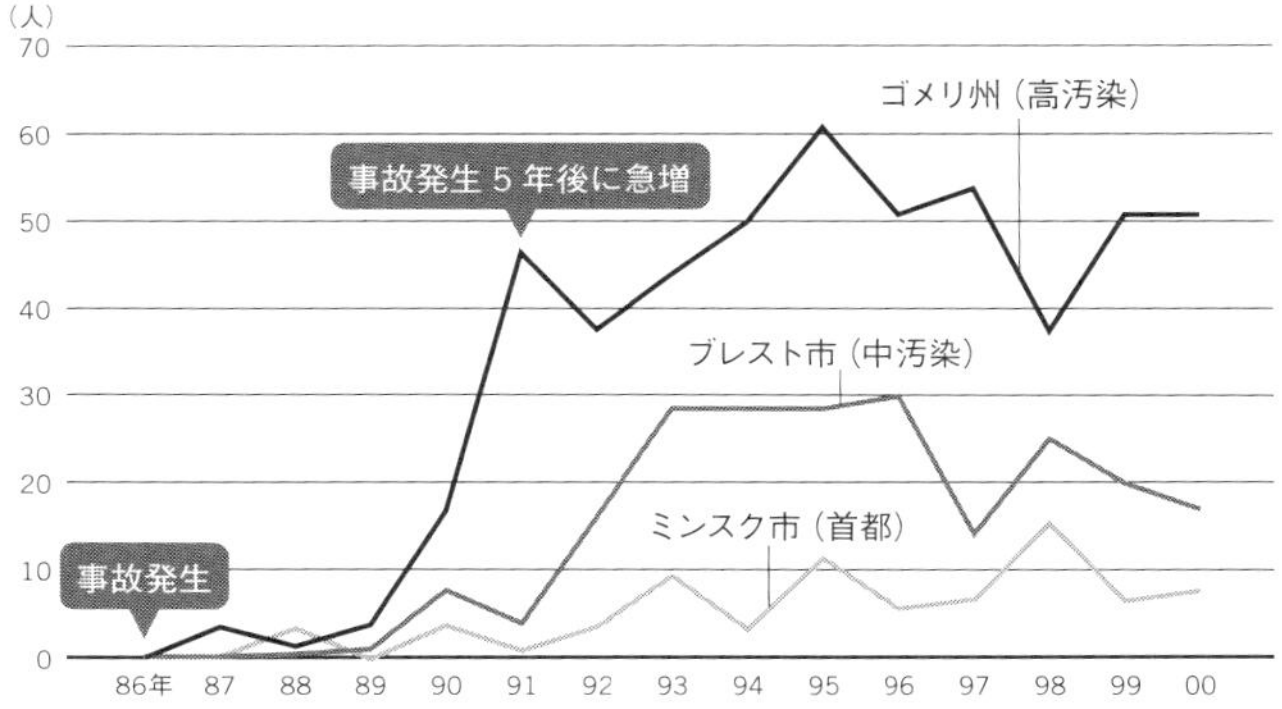

—小児及び 10 代における 10 万人当たり患者数—

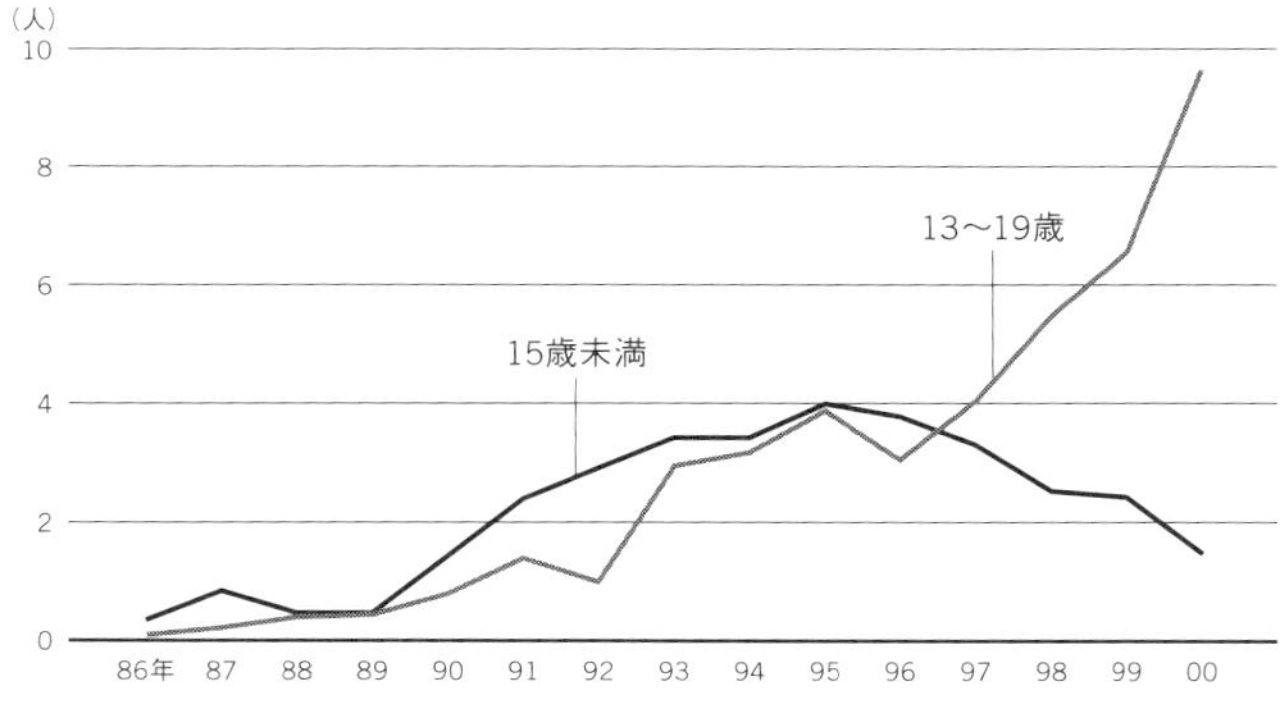

出所　ベラルーシの E.Demidchik 教授（当時、国立甲状腺がんセンター院長）
NPO 法人チェルノブイリ医療支援ネットワーク

めねばならない。我々日本人は放射能の影響を受けやすい新生児や子どもや妊婦など、さらにいえば将来の子どもを産んでくれる女性たちを重視しなければならない。チェルノブイリを例にとって国家調査ではなく民間調査を基本とすると、がんが出てくるのは何年も先であることが一つの傾向であり、その前に精神疾患や免疫不全や新生児にかかわる問題が散見される。日本でも今後そのような奇形や堕胎や障害が増えることは容易に推測され、すでにその兆候は見えてきている。そのような病気に関することは高汚染エリアなら事故の翌年から発生し、低汚染エリアなら4～5年後から発生

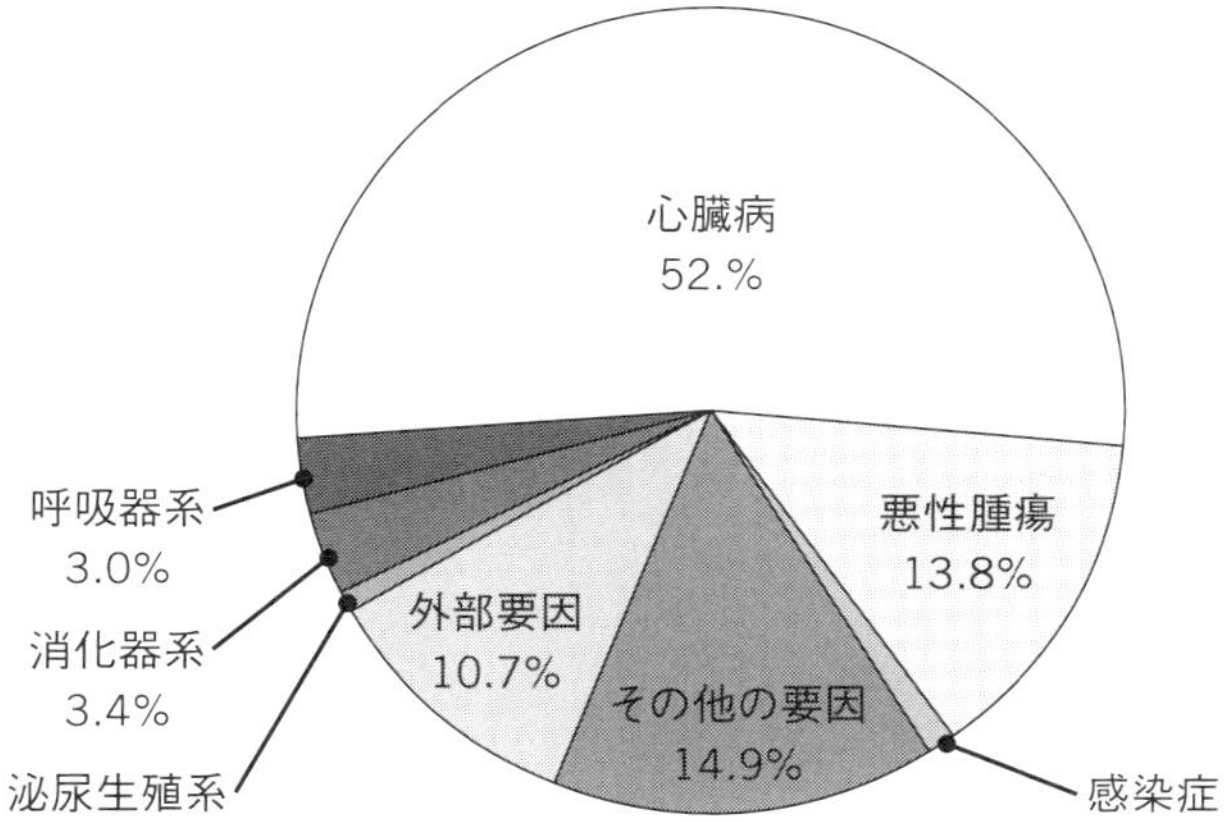

してくる。一番わかりやすいのが甲状腺がんだが、放射能の問題は甲状腺がんだけではなく、甲状腺がんはIAEA（国際原子力機関）が認めざるを得なかった指標であると考えなければならない（図P68）。

小中学生に急増している心臓病

直接死因にかかわる問題で重要なのは、実は白血病やがんではなく心臓病である。ベラルーシではチェルノブイリ原発事故の後、心臓病が激増し、死因の第一位になっている。日本でも事故後に各地で心臓病が増えているが、たとえば東京新聞は茨城県取手市の小中学生に心臓病が急増していると報じている。中学生は3倍強という比率だというのだ。

チェルノブイリの場合

リグビダートルというのは有名な言葉で、チェルノブイリ原子力発電所事故の処理作業に従事した人々をさす言葉だが、当然除染や福島の作業員たちも近いといえよう。リクビダートルの子供たちの先天性奇形は他と比べて有意に多いという研究がある。ベラルーシでは、チェルノブイリの原発事故後、１９８７～１９８８年にピークを迎える奇形と４～14年の間にピークを迎える奇形（無脳症・脊髄ヘルニア）とが研究で報告されている。高汚染エリアでの奇形率とは、低汚染エリアでの奇形率は当然ながらピークが違う。ちなみに遠いノルウェーでは、低線量ほどダウン症が増えるという報告もなされている。チェルノブイリで３１０００人以上の流産児の分析から明らかになったことは、公式記録上の先天性奇形の発生率が全汚染エリアで上昇し、Cs－１３７の汚染レベルが※15Ｃｉ／㎢以上のゴメリおよびモジレブ州でとりわけ有意であった、ということである。ブルガリアでもチェルノブイリ以降に、心臓と中枢神経の異常が複数の奇形とともに有意に増加した。クロアチアでも３５４１人の死体を解剖して中枢神経の異常が有意に増加していた。

※Ci（キュリー）＝37000MBq（MBqは百万Bq）

脳への障害

有名なチェルノブイリ事故の被ばく者を診察してきた医師の記述によると、発がんも被ばく障害の最大の障害ではなく、最大の障害は知能低下と性格崩壊と意欲の減退であると述べられている。『チェルノブイリ・百万人の犠牲者』という番組でジャネット・シェルマン博士は、高校を卒業する割合の低さに言及している。また被ばく量と直線関係があると述べる。成長期の子供ならこの影響はもっと顕著に出るとするし、脳のホルモンの分泌が低下すると述べる。これがいわゆる「原発ぶらぶら病」と呼ばれるものの概要である。ドイツの医師も脳障害に警告を発しているようだ。ベラルーシの人々が集中できないのは、「放射能恐怖」ではなく脳障害だと言明している。日本でも有名な番組『NHKスペシャル―終わりなき人体汚染 ～チェルノブイリ原発事故から10年～』

で、被ばくした人々の脳の委縮について言及している。しかしいまやＮＨＫは完全に嘘つきメディアと化してしまったようだ。日本においては「食べて応援」などを行っていた家族に、認知症などの発生が疑われるケースがあるとの内部情報もある。脳への障害は、内部被ばくして血液脳関門を越えた放射性物質からの放射線であり、神経線維の近傍で電離作用が起きることで、電気信号の混乱が起き機能が低下するとの説が有力である。

社会毒とは

放射能に関する種々の問題をストレス論といっている医学者や科学者がいるが、軒並み無知かアホと呼んで差支えないレベルである。ストレス論の嘘は拙著にある『精神科は今日も、やりたい放題』や、『大笑い！　精神医学』を読んでいただきたいが、放射能問題はストレス論などではなく明快な物質的な問題である。ただ、実は放射能だけの問題ではなく、現在の日本人は様々な病気になりやすい土壌を抱えていること、ストレスが多いのではなくストレス耐性が低いことを知らねばならない。

まず絶対的なまでに日本人はミネラル不足、ビタミン不足、良質の油不足であり、それに対して糖質の摂り過ぎであり、添加物や農薬や乳製品や遺伝子組み換え食品の摂り過ぎ状態である。これらは病気のリスクを著しく高めるが、最後のとどめをさせたのが放射能であるという考え方が成立するだろう。このような多岐にわたるものを証明する術などないので、歴史的な観点から判断しなければならない。たとえば戦前の日本人はどのような病気が多かったかなどだ。戦前の病気や死亡原因の第一位はおおむね結核であり、他に肺炎や胃腸炎や脳出血などがあるが、心臓病、がん、精神病、膠原病などによる死因はほとんどみられていないのが実態である。これらは放射能を含めた「社会毒」が普及するにつれ入れ替わってきた。そして日本人は現在明らかにミネラル不足だが、それはつまり放射能の影響をもろに受ける状態にあるということだ。なぜなら放射性物質もまたミネラルだから。

このようにみていくとあらゆる毒物は同じ病気に進んでいくことがわかる。だからこそ私はそのような毒物たちを「社会毒」と命名し避けるよう訴えてきたが、放射性物質はその中でも重要な毒物であることがわかっているのだ。このように毒物に対して捏造を働くというのは、ずっと昔から利権側や権力側がやってきた共通行動なのである。

Part 2

なぜ原発を止められないのか

止めたくない政官財トライアングルの思惑

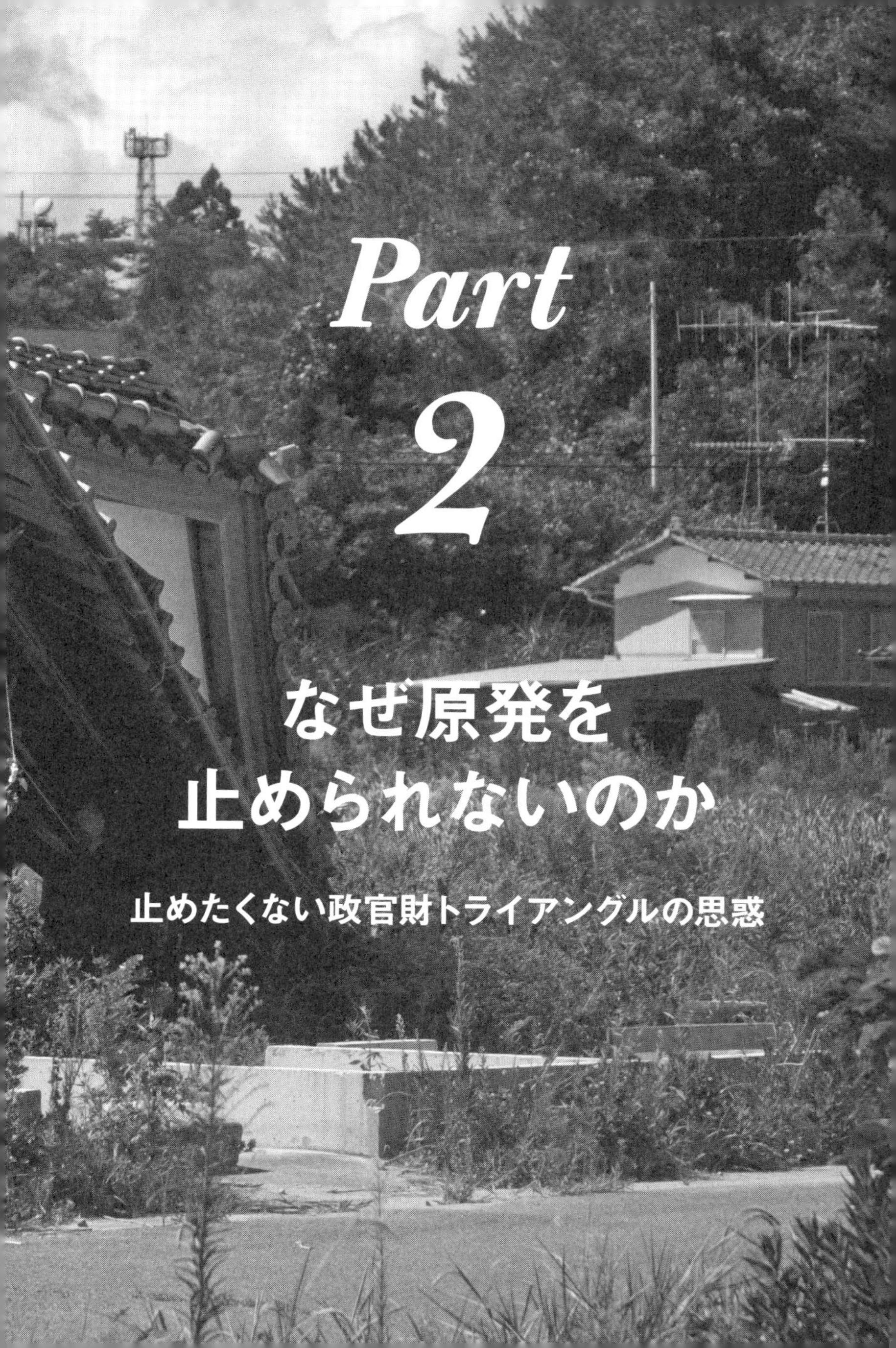

Chapter 6

原子力ムラの構図

自治体を洗脳する政治家

原子力ムラという言葉の定義についてはもはや語るまでもないだろうが、原子力の利権で癒着した関係者たちの特殊集団という風に定義される。その権益は年間数兆円とも言われており、徹底的なまでに排他的で独善的であることが示唆されている。その中心が東電に代表される電力会社であることは皆さんもご存じだろうが、当然原子力ムラとは東電や電力会社だけを指すものではない。

原子力ムラという言葉は1980年頃にはすでに用いられていたようだ。記載のように閉鎖的排他的になる事の一因として、原子力系の学生が人脈が弱く就職先も小さいことから、原子力関係の仕事にしか就職しにくいこと、学会と電力会社と土木会社と国家機関の関係、政治家への献金システム、原子力を否定できないメディアたちの存在などがこのようなムラを作る要素となっているといわれる。

具体的には電力９社（北海道電力・東北電力・東京電力・中部電力・北陸電力・関西電力・中国電力・四国電力・九州電力）と呼ばれる会社に始まり、東芝、日立、三菱、川崎、住友、出光などの原子力開発部門、土木系の会社たち、国側でいえば原子力安全保安院、原子力安全委員会、資源エネルギー庁、原子力安全基盤機構、日本原子力研究開発機構、日本原子力産業協会、日本原燃、など多くの組織が絡み複雑な構造となっている。

原子力ムラにとっては原発の再稼動や自分たちの利益のみが主たる目的であり、日本の市民たちを守る気も市民の要望に応える気もさらさらないのが現状である。執筆時の段階では川内原発の再稼動問題がクローズアップされているが、たとえば浜岡原発の津波対策の防波壁工事であっても、津波を防ぐために行われているわけではなく、土木関係の利権癒着構造と再稼動への口実というのが正直なところである。

ではは自治体はなぜそれを拒絶しないかというと、拒絶できない理由があるからだ。これがいわゆる原発マネー依存であり、年間予算の数割を依存する自治体も少なくないのが現状である。彼らは原発なしでは生きていけないと刷り込まれているのだ。その洗脳をバックアップしてきたのはもちろん政治家たちであり、その筆頭が自民党であり小泉純一郎氏であった。その小泉純一郎氏は反原発の旗を掲げたフリをしているが、彼は自らが行ってきたことの内容も振り返らずに、人気取りと自己の罪隠しのためにこの旗を振っているに過ぎない。反原発を名乗りながら小泉氏や細川氏などを応援する人々は、はっきりいって国賊といって過言ではない歴史なのだ。

☢ 政治家の大罪

小泉氏の過去の経緯は原子力ムラの典型的な例といえよう。たとえば原発行政に不適ということから、２００３年に原発の安全装置の削除を小泉が外したことは、公文書でも明らかになっており、原子力安全委員会の速記録に明記されている。彼と細川氏が利権、反原発を装っている選挙は、すべて票割れとなり反原発候補は敗北している。そもそも原発を作り続け、清和会の重鎮として徹底的なまでにアメリカに日本を切り売りしてきた小泉氏は、原発で償うこともできない大罪を犯してきた代表格なのだ。

このように原子力ムラの構図は魑魅魍魎のすみかであり、奥深く私ごときに書ききれる問題ではない。ただ原子力ムラは原子力や土木関係の問題ではなく、現在医学ムラとも密接に結びついていることは知っておいて損はない。医学ムラとは拙著『医学不要論』において、原子力ムラをもじって作り上げた造語である。その世界構造は原子力ムラと大差ない構造であり、学会や医師会や病院協会や製薬会社や医療機器メーカーの巣窟となっている。そして医学ムラの重鎮たちは現在原子力ムラと連携を密にしている。それはつまり放射能が病気を作り出し、さまざまな大企業を潤し、病気を人質にして支配構造を確立させるということで利害が一致しているからだ。

御用学者たち

福島県立医科大学の山下俊一氏といえば原子力ムラと医学ムラをつないでいる代表格で、放射能安全論と捏造を繰り広げ続けた人物である。現在甲状腺がんなどの情報は彼らが握っているがどこまでも捏造を繰り返しているようだ。それと密接につながっているのが東大医科学研究所の上昌弘特任教授である。その手下として動いているのが坪倉正治医師である。ちなみに上昌広教授はＭＲＩＣという医療系メルマガの編集長もやっている。彼らが実践してきた命を軽視する企画の筆頭が「いのちの授業」であり、その指導的人物が久住医師であり東大医科学研究所上研究室の人間である。さらにいえば「いのちの授業」の協賛は大塚製薬株式会社であり、大塚製薬が協賛しているのはがんワクチン療法普及運動である。上特任教授は長妻昭氏や三原じゅんこ氏とも懇意にしているが、三原じゅん子氏はどうしようもない子宮頸がんワクチン推奨論者として、日々女性たちを地獄に送り込むための活動を続けている。彼女は子宮頸がんワクチンの被害認識が広まると、自分のブログから推奨していた記録を消してしまったくらいの確信犯である。「いのちの授業」の目的は福島でがんの子供が増えることを見越して、ワクチンとがんワクチンで儲けようとする人間たちの思惑であり、実際に2012年に海外の投資家向けの雑誌では、日本の一部の製薬会社買いを推奨している。山家智之東北大学医学部教授は堂々と「反原発運動家のまき散らした風評が、多大なストレスをもたらし、心血管イベントの多発を介して、せっかく津波の被害を生き延びたはずの多くの国民の命を奪った」と述べているが、彼はベラルーシやウクライナのデータさえ知らない愚か者であり、違う言い方をすれば確信犯でしかない。彼らにとっては事故もカネ儲けでしかないのが現状なのだ。

リニアモーターカー

また現在日本で原子力ムラによる、原発ビジネスの一環として進められようとしているのがリニアモーターカーだ。ここには原子力ムラだけでなく、リニアプロパガンダにたかる電通も一枚かんでいる。リニアの実態は私が指摘するまでもなく究極の大愚行であり、莫大な工事費、途方もない維持費、巨大な電力を必要とするための原発ゼネコン利権なのだ。一度作らせれば金は吸いとられ続けるうえ、高コストなため土木ゼネコン利権はウハウハとなる。ただでさえ新幹線があり日本の人口は減少傾向という中で、このようなインフラが役に立つことなどこの先ありえない。世界一の利益を誇る東海道新幹線ですら乗車率は50％程度であり、新幹線の電力の4倍を必要とするリニアモーターカーが必要な理由はどこにもない。さらにいえば周囲に与える電磁波はすさまじいものがあり、土木会社にとっては数十兆円の工事費が一番の目的で、その電気を作るために原発開発や再稼働をもくろんでいる。このような自然破壊と税金の無駄遣いを許してはならない。

Chapter 7

東電の重役たちと日本の政治家

あきれた政治家

奴隷総理大臣の代表格である安倍晋三氏が、「汚染水は完全にコントロールされている」という大嘘を宣言したのは記憶に新しい。彼らは電気業界に多額の献金を受け取っており、電機業界から不利益なことはできない状況となっている。ずっと昔からこのような政治家と業界の癒着は指摘され続け、市民はそれを無視し続けてきた。そして政治家の嘘を常に許容し続け、いまやその罪は市民がかぶらざるを得なくなっている。

２００６年に国会ではある面白い質疑応答

があった。質問したのは衆議院議員の吉井英勝氏で、原発の危険性、原発に事故があった時の対応について安倍総理大臣に質問している。その内容をここで引用してみよう。

Q **（吉井英勝）**：海外では二重のバックアップ電源を喪失した事故もあるが、日本は大丈夫なのか

A **（安倍晋三）**：海外とは原発の構造が違う。日本の原発で同様の事態が発生するとは考えられない

Q **（吉井英勝）**：冷却系が完全に沈黙した場合の復旧シナリオは考えてあるのか

A **（安倍晋三）**：そうならないよう万全の態勢を整えているので復旧シナリオは考えていない

Q **（吉井英勝）**：冷却に失敗し各燃料棒が焼損した場合の復旧シナリオは考えてあるのか

A（安倍晋三）：そうならないよう万全の態勢を整えているので復旧シナリオは考えていない

Q（吉井英勝）：原子炉が破壊し放射性物質が拡散した場合の被害予測や復旧シナリオは考えてあるのか

A（安倍晋三）：そうならないよう万全の態勢を整えているので復旧シナリオは考えていない

国民を愚弄する親子

もはやご存知のことだろうが日本はこの発言とは真逆の状態となっており、いかにこの国の総理大臣や政治家や政党が業界と癒着し、嘘をつき続けてきたがよくわかる事例である。それは当然といえば当然のことであり、政治家は市民のためになどビタ一文働きはしないし、最初から最後まで骨の髄まで日本の為にやっていることは一つもない。

すべてやっているフリであり、騙される愚かな市民がそこにたくさんいるだけである。

現在の総理大臣の前の長期政権といえば言わずと知れた小泉純一郎氏である。彼も生粋の嘘つきであり稀代の大嘘つきだったが、もちろんその息子の小泉進次郎氏も生粋の大嘘つきである。小泉純一郎氏のニセ脱原発発言にさっさと騙される市民があふれきっているが、だからこそ今の日本は凋落しているのだと悟らざるを得ない。清和会のアメリカ奴隷である政治家を信用すること自体の問題だが、「自民党をぶっこわす」とかいいながら壊さない、個人情報保護法案を制定、郵政選挙で国民の資金をアメリカに献上、小泉チルドレンとかいうアホ議員をいっぱい作り、医療費は増加し格差社会とワーキング・プアーは激増し、国民は疲弊の一途を辿っている。

現在の放射能行政の基礎を推し進めたのも小泉純一郎氏である。総理大臣は引退したら口出ししないほうがいいと言いながら、自分の罪を隠蔽し息子の人気稼ぎのために脱原発の偽旗を振る。ようするに小泉氏の心の中では、「前から原発が危ないことなんて知ってて、そのうえで金儲けと日本人衰退のために政策推進したけど、雰囲気が悪くなってきたからバカがあんまりわからんうちに、脱原発の偽旗振ってバカどもを騙しとこう♡」といっているに等しい。その息子は福島に行くたび元気になるなどと述べているが、放射能の意味や実態を知らないで時々行ったところで、体調に変わりないのは当然のこと。彼らは利権のためには巧妙に嘘をつき続ける。

その他の推進議員

原発を推進する議員は一人二人の問題ではない。「再稼働は国家的急務である」とまで記者会見で述べたのが、たとえば自民党・細田幹事長代行であり石破茂氏たちである。細田氏は「再稼働可能なものは再稼働し、安定した経済を実現しなくては、今後の日本経済はどんどん悪くなっていく」とし「原発の再稼働は国家的急務」と強調した。実際に政府のエネルギー基本計画に「原発は将来にわたり必要である」と明記しており、原子力ムラはどこまでいっても自然や人の命は考えず、利権とお金儲けにしか興味のないことが垣間見える。原発推進派の石原都知事などががれき引き受けに積極的な理由は、すべて愛国心を煽るだけの偽装であり実際は原子力ムラ利権に過ぎない。

☢ ブエノスアイレスでの嘘

広島大学名誉教授の芝田進午さんは、第2次世界大戦で原爆が日本に投下された理由は「人体実験」だったとはっきり述べている。アメリカ軍が行なったことは、報道の禁止と人体実験についての情報を独占することだった。そして被ばく者を治療せず、実験動物のように観察するABCC（原爆障害調査委員会）を広島・長崎に設置して管理した。すべては実験のためであり、アメリカの意向に日本の政治家は犬のように従うのみだった。東日本大震災以降日本で起こっていることも同じであり、実験と利権のみに集約される。そのために2013年9月、五輪招致のためにアルゼンチンのブエノスアイレスで行われたプレゼンテーションで、安倍晋三氏は「（福島第1原発の）状況は完全にコントロールされている」と大嘘をついたのだ。様々な利権に尻尾を振るためである。

悪いのは保守系の政治家だけではない。そんな政治家以外にも放射能の危険だけを煽り、ほかの毒物はむしろ推奨さえする、そして放射能の危険を煽って避難ビジネスとして何百万という金を稼ぐ、いわゆる「原子力左翼」が存在する。彼らは毒性物質の根幹について説明しないまま、ただひたすら放射能だけを危険視している。たとえばある有名な原発危険論者は、放射能はダメだと言いながらワクチンは打ちましょうというくらいのアホである。左翼的な人間の発想は共産思想なので、日本という保守的観念の衰退、家族崩壊が基本的な理念である。これについてはマルクスやコロンタイ※などの共産主義思想を学んでいただきたいが、「原子力左翼」も同じ考え方であり、避難を口実にして家庭別離などを遂行しているともいえる。よって右翼にも左翼にも騙されない市民の知識と知恵が最も問われているのだ。

※コロンタイ…アレクサンドラ・コロンタイ。ロシアの女性革命家。マルクス主義に傾倒後、男女自由恋愛を主張。ヨーロッパ最初の女性閣僚（1872〜1952）。

そもそもアベノミクスひとつとっても嘘がどんどんばれてきているが、自民党は選挙の時も絶対得票数は低く、マスコミが誘導している自民党の支持率は疑問が多すぎる。マスコミは電通の指示のもとそれらを誘導して、原子力ムラや政治家の都合のいい情報しか流していない。その裏に隠れているのがアメリカであり国際金融資本であり、医療利権であり軍需産業利権であり原子力利権であるという表現もできるだろう。すべての構図は常に同じであって、日本人はその奴隷構造にどっぷりつかされておりずっと実験台になってきた。

現在、東電と自民党を中心とする政治家たちが取り組んでいるのが、「風評被害対策」という名の嘘である。つまり放射能は安全であり福島は安全であり、そのために「食べて応援」などの運動や「修学旅行で福島に行こう」などの運動、「学校給食の食材に福島のものを使う」「美味しんぼ潰し」などもその範疇としてとらえられるかもしれない。そのことについてはエートスの問題も含めて130ページに詳しく書いてみたいと思う。

フクシマは人体実験にされている

広島と長崎では違う原爆が落とされたのはご存知のことと思われるが、それだけでなく原爆を落とす時間や落とし方にも細工があった。戦争を早く終わらせ、双方の人命を救うという平和目的のためだったといわれているが、まったく根も葉もない嘘であると断ずることが出来る。これはまさに実験だったのである。月曜日の朝8時15分という時間もそうだが1985年に河内朗氏が著した『ヒロシマの空に開いた落下傘』では、人々の注意を惹き付けるために投下された3つのパラシュートについて言及している。実験結果をより濃厚にするため、爆撃機が上空を旋回して警戒警報を出させ、飛び去って人々が防空壕から出る時間を計算して、原爆を投下したことがわかっている。夏の暑い日であり服の枚数が少ないので、より詳細なデータをとるのに有益と考えていたこともわかっている。芝田進午氏は、原爆の対日使用は「人体実験」だったと述べた。また占領後にアメリカ軍が行なったこととして4点を指摘している。

❶原爆の惨状についての報道を禁止し、「人体実験」についての情報を独占した。

❷放射能障害の治療方法の発表と交流を禁止した。また被ばく者の血液やカルテや臓器を没収した。

❸日本政府には国際赤十字からの医薬品の支援申し出を拒否させた。『実験』にならないためである。

❹実験観察のために『ABCC（原爆障害調査委員会）』（と称したアメリカ軍施設）を広島・長崎に設置した。

今まさに福島や関東でやられていることはこれと同じであると断言してよい。

☢甲状腺がん予防薬を停止した政府

政治家や東電の重役たちはここに書かれていることなどよくわかっているのだ。だから3・11の翌日の12日の土曜日、枝野官房長官は自分の家族はシンガポールに避難させていたし、福島の原子炉が完全にメルトダウンしていることを海外の政府は把握していたことも知っていた。しかし、この国で甲状腺がん予防のためのヨウ化カリウム出荷停止命令を出したのは、ほかならぬ政府である。さらに原発の安全管理は自国の企業や軍隊が行うのが各国の常識だが、日本だけは、イスラエルのマグナBSPという民間会社に委託されている。それを決めたのはほかならぬ小泉純一郎氏である。

東電の重役たちもまた一連の問題が起こってからどのような行動をとったか、一部週刊誌でも報道された。その一部を引用すると以下のようなものである。

勝俣恒久会長　↓日本原子力発電の社外取締役に再任
清水正孝社長　↓関連会社・富士石油の社外取締役に天下り
武井優副社長　↓関連会社・アラビア石油の社外監査役に天下り
荒井隆男常務　↓関連会社・富士石油の常勤監査役に天下り
高津浩明常務　↓関連会社・東光電気の社長に天下り
宮本史昭常務　↓関連会社・日本フィールドエンジニアリングの社長に天下り
木村滋取締役　↓関連会社・電気事業連合会の副会長に再任

藤原万喜夫監査役　↓関連会社・関電工の社外監査役に再任
松本芳彦監査役　↓関連会社・東京エネシスの社外監査役に天下り

これらすべての元重役たちはすでに海外移住している。

別の話では最近自民党と安倍総理は原発の海外ビジネスに躍起だが、その内容をみると、たとえば海外で日本の売った原発が事故を起こした場合、その費用は日本国民の税金から支払う約束になっているというのだ。また売り込んだ原発の放射性廃棄物は日本が引き受けることになっているという話もあり、実際、アメリカでは三菱重工が販売した原発が欠陥品だったことから、アメリカは三菱重工に損害賠償を請求している。とりあえず売ってカネを儲けることしか頭にない政治家は、すべて今後断罪されてしかるべきであろう。

Chapter
8

原発爆発の嘘と原発の裏側

3号機の黒い煙

ここでは原発爆発に関する問題を陰謀論的な説も交えて考察してみたい。

そもそも論になるが原発で爆発が起こった原因は水素爆発とされているが、水素爆発ではなかったと主張する専門家がいる。それが田中三彦氏で、使用済み核燃料による臨界爆発ではなかったかというのだ。確かに1号機の水素爆発の白い爆煙と違って、3号機のあの黒い煙は異質であり、核爆弾が落ちた時の煙の上がり方に非常に似ている。水素爆発は爆縮を起こすと科学的には言われるが、あの爆発の仕方は全く爆縮の様子が見られない。そのためこの爆発は臨界爆発もしくは爆弾により爆発させられたとする説まで浮上している。いずれにしろ水素爆発でなく何かしら別の原因が考えられ、あの爆発の仕方であれば、多くの放射性物質が飛散したこともうなづける。3号機爆発時に風は海側に流れており（そのことから神風などといわれたが）多くの放射性物質は海に落ちた。それは日本の汚染をある程度軽減したことは否めない事実である。

4号機には燃料棒はなかった？

このような怪しい話は原発に関しては枚挙にいとまがない。たとえばこれは報道された話だが、東京電力は「本当は爆発前から原発1号機の燃料棒70本は壊れていた」と発表している。これはプール内に保管されている使用済み燃料292体の4分の1に相当し、損傷した燃料棒を取り出す技術は確立してないと東電も明言している。東電は事実関係をずっと公表してこず、70体の燃料棒は小さな穴が空いて放射性物質が漏れ出すなどトラブルが相次いだため、原子炉から取り出してプール内に別に保管していたと発表している。ちなみに東電は記者会見で4号機プール内にも損傷した燃料棒が3体あることを発表している。

より未確認で怪しい情報となるとさらに枚挙にいとまがない。たとえば4号機には多数の燃料棒が入っていたことになっているが、実はその燃料棒はなかったという言論まである。これは新聞に報道されたが、グローバルホークと呼ばれる無人飛行機で偵察した際、4号機の燃料プールが空になっているということがわかった。ただ、これは燃料棒なのか水なのかがはっきり私にはわからないのだが、実はどっちであっても既存の報道とは全く違っており、とんでもないことだけは間違いがない。空焚きになった燃料棒が一部溶融して下部に落下した可能性もある。政治的陰謀論説もある。これらを裏付ける状況証拠となっているのが、4号機の燃料取出し作業を見せないようカバーで覆ってしまったことや、当時の取り出し作業に関して、当事者が非常に楽観的であったことだ。一本でも吊り上げ作業に失敗しようものなら、日本にとどめをさせかねない大惨事になるというのに。

ＮＹタイムズ２０１３年７月10日の記事で、事故後、絶えることなく高濃度汚染水が海洋にもれ出ていたことも報道している。その報道では田中俊一氏が、原子力規制委員会も東京電力も漏出箇所がどこであるか特定できないこと、福島第一原発の敷地内で採取した地下水の放射性セシウム、トリチウム、そしてストロンチウムの値が急上昇していること、事故発生直後に海洋中への大規模な汚染水漏出を起こして以来、福島第一原発は途切れることなく海洋への汚染水漏出を続けてきたこと、を述べている。

イスラエルの諜報機関が関係

このような陰謀論的解釈の中で重要な地位を占めるのが既出したマグナＢＳＰ社である。まさかマグナＢＳＰ社を知らない人がまだいるのか、と私は思っていたのだが実はほとんど知られていないことに愕然とする。

マグナBSP社はモサド（イスラエルの諜報機関）関係の企業であり、原発全ての保守管理を担っているイスラエルの一企業である。陰謀論的な話ではマグナBSP社が爆弾を原発に設置したことで、今の福島原発問題を引き起こしたと表現されている。これは荒唐無稽のようにみえてあながちそうとはいえない。政治や経済や過去の歴史をすべて知ることになれば、そのような可能性は十分ありうるからだ。そして問題はそのような情報が、完全にオープンとされない状況そのものにあると言っていいだろう。東電は管理会社の事はいつも伏せてばかりであり、それ自体がまさに怪しさの象徴でもある。この会社は約10年前にハイム・シボーニによって作られたといわれているが、それ自体は陰謀論でも何でもなく保守管理を担っている会社なのだから、おかしいと思うことは必要である。ちなみにマグナ通信工業株式会社というのもあるが、電力会社、原発メーカー、空港、警備会社など多岐にわたっている。さらにいえば911同時多発テロの時も、WTCビルはイスラエルの会社が安全管理をやっていたことが明らかになっている。さらにいえば東電社員が二人イスラエルで研修を受けてるが、後日、二人は4号炉建屋で「外傷性ショック死」で発見されていることが明らかになっており、これは2011

年4月3日に公式にニュースにもなっている。亡くなったのは第一運転管理部に所属する小久保和彦氏（24）と寺島祥希氏（21）とされている。なぜ外傷性なのかを考える必要があろう。

軍産複合産業とその下で働く政治家

このような問題と昨今話題である集団的自衛権の問題、そして武器輸出三原則の見直し、秘密保全法、自民党が検討を始めた日本版FEMA（アメリカ合衆国連邦緊急事態管理庁）の問題や日本版NSC（アメリカ合衆国国家安全保障会議）の問題は、決して偶然ではなく全てつながった問題なのである。ひとことでいえばそれは外資系企業を代表とする人々、金融資本を牛耳っている人々、さらに軍需産業との密接な結びつきにより、日本は軍需複合産業とその手下で働く政治家たちの金儲けに利用されているに過ぎない。たとえば武器輸出三原則の見直しについては、建前上は日本の安全保障に資する場合などに、適正な管理の下、輸出を認めることを打ち出す新たな原則を年内にも策定したいとしている。これらについては日本の防衛産業の技術基盤の維持・強化や、国際協力に積極的に対応するというのが名目だ。また武器の輸出を認めない対象として、国連の安全保障理事会の決議で武器輸出が禁じられている国や、日本の安全保障上の利益を害する国などとなっている。これは戦争屋や軍国主義者がよく用いる論法であり、そもそも国際政治を少し勉強すれば、安保理（とくにアメリカ）こそが世界に戦争を広げている権化であり、それに対抗している国たちこそが実は正義に近い国であるのに、メディアなどもうまく捏造して活用し市民に情報を与えないようにしている。これらはすべて戦争ビジネスをやるための準備でしかなく、そのことと原発産業ビジネスも密接にかかわっている。そして国民の税金は日本を守るためではなく人殺しの道具に流用されていく。

フッ素と放射能

少し違う話をすれば、歯磨き粉やテフロン鍋や人工粉乳などに入っている、フッ素と放射能には実は深いつながりがある。フッ素は虫歯の予防などしない強力な神経毒だが、これも日本中、いや世界中の歯科医たちは論文を捏造し研究をごまかし、自分たちの都合のいいように儲けようとしている。

そもそもフッ素の有効利用の始まりはアメリカにおけるアルミニウム産業であり、アルミニウム産業のアルコア社主任フランシス・フレイリーは、メロン産業研究所の研究員ジェラルド・コックスと、その処理法について検討する。コックスは1939年に虫歯予防のために、公用の水道水にフッ素を添加することを提唱しているが、同社は「アスベストは安全である」と長年主張し続けている会社であった。アメリカでその提案がなされたとき良心的な科学者たちは驚き反対したが、その危険性を訴えるまともな科学者の意見はすべて弾圧され、変人やインチキ科学者のレッテルを貼られたのが現実である。そしてフッ素支持派の筆頭が、広島に投下した原子爆弾を開発した「マンハッタン・プロジェクト」の科学者であるハロルド・ホッジ博士である。彼は第二次世界大戦後に予期される核実験反対や訴訟に備え、核兵器の製造時に大量に使用し、排出されるフッ素ガスの毒性を一般大衆に察知されないように安全性をアピールしておく役目を負っていた。こうやってアルミニウム産業、フッ素産業、原子力に関する利権と毒物に関する利権は絡み合っていく。

すべて嘘が絡み合った中で、市民はいったいなにをすればいいのかを根本的に考えねばならない。

Chapter
9

福島の汚染状況

情報を出し渋る政府

福島はいまどれほどの汚染状況となっているのか。それを知るのはなかなか困難である。なぜならこの国はそれらに関する有益な情報をなかなか出さないからだ。そのため市民団体レベルでしか実情が把握できない状況となっており、それらと数少ない国家側から提出された情報をもとにして、状況を把握していくしかないというのだから末期としか言いようがない。少し前の選挙で緑の党の候補者が、頭二つの子どもや無脳症の子どもが産まれていることを街頭演説していたが、今後チェルノブイリと同じようにそのような子ども増える可能性がある。しかし3年たっても情報は不足しており自分の身は自分で守るしかないのが現実だ。

現在でも福島の定期的な線量をチェックしていれば、ちょっとした天気や工事があるときでさえ線量が大きく変化することがわかる。もちろんビスマス（自然放射性物質の一つ）などの影響も受けているので、すべてが福島原発由来の放射線ではないことも留意せねばならない。雨が降って一時的に線量が上がるだけなら、ビスマスの影響が考えられる。

フクシマ原発告訴団

現在福島原発を管理運営していた東電の社長や幹部を刑事告発している「福島原発告訴団」は、告発申立人6042人分を追加し県警に2度目の告発状を提出している。1度目の刑事告発は福島地検が東京地検に移送したが、その後、東京地検は「関係者が今回の規模の地震や10メートルを大きく超える津波を具体的に予見することは困難だった」という判決を下している。これは見事なまでに嘘である。安全管理というのはそういうモノでないのが原則だが、それ以前に政府も東電もその危険性については知っていた。当時批判された菅直人元総理でさえ原発の位置、つまり海抜が低いという問題については指摘していたが、もともとこの国に理屈など通る場所はないということである。

放射能の問題はストレス問題ではありえないことはすでに述べた。これは精神医学や心理学の問題をずっと見てきた私たちにとっては常識的なことである。ずっと昔から証明しうる問題でさえ、この国ではストレスに置き換えられ続けてきた。そうすると隠蔽捏造しやすいからだが、単純に言って食べたり飲んだり住んだり話したり、いろいろと情報をネットで得ることもできるこの国と、戦争や紛争や飢餓が日常的な他国とのストレスの差を考えねばならない。私たちの国における現代病の有病率はそのような国たちと比べても著しく高い。私はこのことは福島の方を相手にしても言い続けるだろうし、ストレス論は嘘だらけの問題だと示すことが本来の私の仕事だろう。

心疾患・脳血管障害・がんが増えている

放射能の汚染水について、東電が2013年12月20日に発表した「タービン建屋東側（海側）下部透水層（3／4号機間海側）の水質調査結果」という資料によると、地下25メートルの地下水層からβ線を1リットルあたり89Bq検出している。つまりより奥へ奥へ放射能は広がっており、防ぎようがない状態となっている。

国家統計によるとすでに日本の疾患傾向として、死産や乳幼児死亡も心疾患も脳血管障害もがんも増えている。ＩＡＥＡでさえが唯一認めた先行指標が子どもの甲状腺がんだが、２０１４年８月で１０４人まで増えたと報道された。しかしそれでもこの国はぬけぬけと因果関係はないとホザイているのが現状だ。先のデータでも示したように、これから福島は泥沼の状況に陥っていくだろうし、それはチェルノブイリやウクライナなどが証明していることだが、日本の対策はウクライナとは全く違うので被害はそれ以上になるであろう。この国の官僚や政治家には日本人でない者が多いので、日本を滅ぼし

放射能汚染・政府対応

—ウクライナと日本の比較—

	ウクライナ	日本
Cs137 ≧ 55.5 万 Bq/㎡	移住の義務	無視
≧ 18.5 万 Bq/㎡	移住の権利	無視
≧ 03.7 万 Bq/㎡	放射能管理区域	無視
年間線量基準	1mSV	20mSV
低レベル被ばくの被害	認める	むしろ体にいい
被ばくとの因果関係	無いことを国が立証	有ることを被災者が立証
安全な食料の提供	あり	食べて応援
子供の健康管理	一定期間の保養	福島へ修学旅行を推奨
高汚染された村々	住めないよう完全に破壊	帰還奨励
汚染地帯の出口管理	徹底した汚染検査と除染	フリーパス
食品の汚染管理	自由に計測可 無料測定器あり	わずかな有志が測定 多くは有料
除染	効果がなくしない	血税投入 作業員大量被ばく 保管場所未定

提供　内海聡

たいと考えるものが多いのは否めない。安倍晋三氏も小泉純一郎氏も、もともと日本人ではない（朝鮮系である）。この説や明治時代から続く田布施システムが気になったら、私の著書『歴史の真相と、大麻の正体』（三五館）にも少し書いているので、そちら等を参考にしてほしい。

総務省が新たに発表した2013年の人口統計によると、国内の日本人の人口は前年同期より24万3684人少ない1億2643万4964人となっている。死亡者数は統計史上最悪となり福島原発事故後から加速的に急増しているといえよう。もちろん老人が増えていることなども考慮せねばならず一概にはいえないが、福島原発事故からの増加を考えれば第一の要因と考えねばなるまい。ここでも重要なのは、複数の毒と隠蔽のために完全な因果関係など証明することはできない、そしてそれを政府や東電たちは利用している、という観点が存在するかどうかである。

☢ 特定秘密保護法案

そういえば福島原発作業員ががんで労災認定がすでに出されているが、もちろん報道はほとんどされていない。この隠蔽を補助するのが秘密保全法とがん登録法である。衆院を特定秘密保護法案が通過したとき、ネットで影響力があるブロガーが社会問題を発信しただけで処罰、とまで某大臣が述べていたが、今後この国は戦前の軍国主義も真っ青なほどに、思想言論統制が進むであろう。歴史を振り返れば日露戦争前に軍機保護法が制定、太平洋戦争前には国防保安法が制定と、ますます戦争の流れになっている。そういえば「戦争に行かないやつは死罪！」と堂々と述べたのが石破茂防衛大臣だが、彼は東電の大株主であることをほとんどの人が知らない。彼はもし仮に戦争になっても、当然ながら戦地になど赴かないであろう。

原発問題を取り上げない大手メディア

福島民友新聞ではこの3年間で何が起こってきたのか、「原発災害『復興』の影」で連載を続けてきた。その中で私はいくつか気になる記事として「認知症」が深刻化の傾向とする記事、人とのかかわりを避けたり不登校になるという子どもたちの記事、震災関連死の不認定は増加しているという記事、賠償を渋る東電という記事、仮設住宅に忍び寄る薬物の売人という記事、〝怪しい〟売り込みとして企業から除染技術提案が100件以上という記事、除染業者の不正な〝中抜き〟が横行し、一部で危険手当の不払いという記事、避難をめぐり夫婦間に亀裂が生じ、離婚危機という記事、汚染水対策「トリチウムは海へ」という記事などに注目した。地方新聞ではこのように赤裸々に原発問題を取り上げているが、大手新聞やメディアは総スカンという状況であり、この国のメディアがどれくらい腐っているかを感じさせる一例かもしれない。

Chapter
10

福島以外の汚染状況

遠くまで飛散した放射性物質

福島以外の汚染状況はどうなのだろうか？これも国家による計測に疑問が多数つくため、そのようなデータや地図も参照にはするが、報道されたり民間団体のデータも参考にして検討してみたい。

たとえば、東京理科大と気象庁気象研究所のチームは、東京電力福島第１原発事故直後に約１７０キロ離れたつくば市における大気中のサンプルから、核燃料や原子炉圧力容器の材料のウランや鉄などを検出した報告をしている。つまりかなり遠くまで爆発の影響で粒子が飛んでいたということが指摘されている。福島は3号機だけMOX炉であり、プルトニウム純度が他の原子炉に比べて高いこと、また8章ではその3号機の爆発は疑問点が多々あることを述べてきた。実は3号機の爆発は衝撃波が音速よりも速いことがすでに分かっており、東京電力が報告書を公表しIAEA国際原子力機関にそのことを提出していることを、アーニー・ガンダーセン氏などが報告している。これも爆発がおかしいことを示唆するとともに、汚染というものは福島だけの問題ではないことも示唆している。

また2014年7月16日に常陽新聞でも記事となったが、同じ気象庁気象研究所（つくば市長峰）が採取した大気試料中の放射能を分析したところ、数千度にならないと気化しない放射性核種のモリブデン（Mo）99やテクネチウム（Tc）99が検出されていたことが、15日までに分かったと報道されている。これはメルトダウンの温度が非常に高いことを示すとともに、やはり広範囲に放射性物質が拡散していることを示す証拠でもある。

関東広域に拡がる放射能汚染

２０１１年の頃から東京でもウランやプルトニウムなどが検出されていたが、茨城県日立市公園で行われた放射能測定では、セシウム以外にもプルトニウム２３９やウラン２３８、コバルトなどよりも毒性の強い放射性物質や核種も検出されている。測定日時は平成25年10月27日ということだが、このように関東広域で放射能汚染が広がっている状況である。ほかにも群馬県高崎市にあるＣＴＢＴ※放射性核種探知観測所では、３・11以降に大気中から高濃度のテルル１２９／１３２、ヨウ素１３１／１３２／１３３／１３５、セシウム１３４／１３６／１３７、希ガス状のキセノン１３１／１３３などが検出されていると報告している。文部科学省でさえ福島第１原発周辺で行った土壌調査の結果、原発事故で飛散したとみられるプルトニウムが福島県双葉町、浪江町と飯館村の計６カ所から検出されたと発表している。

※ＣＴＢＴ…包括的核実験禁止条約（Comprehesive Nuckera Test-Ban-Treaty）

東京電力は２０１４年２月20日、福島第1原発で放射性物質を含む汚染水を保管しているタンクの上部で漏えいが見つかり、汚染水がせき外に流出したと発表している。約１００トンが流出し、水からはストロンチウム90などのベータ線を出す放射性物質が１リットル当たり2億３０００万Bq検出されているそうだが、これまでの隠蔽体質を考えれば、本当の汚染水漏えいはこんなものではないだろう。

高線量の千葉県北西部

２０１３年4月3日発行の日刊ゲンダイでは、首都圏水がめの深刻な汚染度を伝えている。千葉柏市の手賀沼河川の川底から１kgあたり１４２００Bq検出されたというのだ。ちなみにその報道では江戸川水系・新坂川（千葉松戸市）から３６００Bq、印旛沼流入河川・手繰川（千葉佐倉市）から２７８０Bq、利根川水系・根木名川（千葉成田市）から１０８０Bq検出されたことも伝えている。これらは河川もそうだが、大多数の河川から流れ込む東京湾もひどいことになっている。基準値でいうと、国が定める食品や水の基準は1キロ当たり10Bqだから、1420倍ということになる。

また2014年7月18日には「茨城で2μSv（マイクロシーベルト）変わらない放射能汚染の実態」という記事も掲載されている。茨城県守谷市のある倉庫の雨どいを計測すると、左側が毎時2・06μSvを示したというのだ。雨どいは放射性物質が溜まりやすいところだから、この線量が出ても何ら不思議はない。その記事では常磐道・守谷SA（上り）も、地上1メートルの空間線量が0・14μSvだったとある。これは外部被ばくだけで考えても通年線量が1・2mSvになり、事故前の基準を超えている。葛飾区の「都立水元公園」は、入り口の植え込みで0・2μSvを記録しているが、11年6月の計測では0・28μSvだとも報告している。

外洋に放出され続ける高濃度汚染水

海洋汚染も深刻である。全てのデータを載せるのは困難だが、2013年9月18日、東京電力福島第1原発の汚染水問題をめぐり、気象庁気象研究所の青山道夫主任研究官は国際原子力機関（ＩＡＥＡ）の科学フォーラムで、原発北側の放水口から放射性物質のセシウム１３７とストロンチウム90が1日計約６００億Bq、外洋（原発港湾外）に放出されていると報告している。ようするに5・6号機にて、湾内に溜まった高濃度汚染水を取水して、外洋に捨てているということだ。東電は「法定基準以下の濃度と確認して放水しており問題ない」といっているようだが、その基準が自分たちに都合のよい基準であるのだから、前提から崩れているのである。しかし彼らは自分たちが支配的にふるまえると思っており、法律に守られていると勘違いしているようだ。

そして２０１４年9月8日の最新の報告では、東京電力福島第1原発から放射性物質が海に流出している問題で、今年5月までの10カ月間に第1原発の港湾内に出たストロンチウム90とセシウム１３７が計約2兆Bqに上る可能性が高いと報道されている。２０１３年8月から２０１４年5月にかけ、港湾内の1～4号機取水口北側で測定したストロンチウム90とセシウム１３７の平均濃度を基に試算した1日当たりの流出量は、約48億Bqと約20億Bq。さらに10カ月間の総流出量はそれぞれ約1兆4600億Bqと約6100億Bqの計算になるとのことで、問題はセシウムよりもストロンチウムの方が多いということかもしれない。しかもこの数字さえ信用ならないというのが現実である。

☢ 青森県六ヶ所ムラの汚染水処理

他にも汚染は単に福島原発事故だけの問題ではない。たとえば有名なのが青森県にある六ヶ所村再処理工場だが、六ヶ所村再処理工場からはすさまじい放射性廃棄物ができることがわかっている。これらは処理できないので、海に放出することが決定されている。そこで六ヶ所再処理工場の排水口は沖合3㎞、深さ44ｍの海底に設置されている。そしてその排水口から1８000兆Bqのトリチウムを放出する計画が出来上がっている。さらにこのトリチウムは海への放出を年間1８000兆Bqまで容認している。この1８000兆Bqの基準値は、フランスのラ・アーグ再処理工場が1８500兆Bqだからとして決められたそうだが、とてつもない量である。

破綻している計画に年間200億円以上

もんじゅ※とよばれる組織もある。ここはまさに原子力ムラ最後の砦と呼んでも過言ではなく、もんじゅの関係者にとっては福島の事故など何の興味もないようだ。彼らとしては青森の再処理工場と高速増殖炉もんじゅは両輪であり、元もんじゅ所長でミスター・プルトニウムとよばれ、原子力研究バックエンド推進センターの菊池三郎氏が推進者として有名である。彼らは夢のエネルギーという嘘の謳い文句を掲げ続け、実際には利権として金を吸い上げ続けているに過ぎない。ちなみに現在もんじゅは何の役にも立っていないしこれからも役に立たないが、年間約200億円以上の出費を強いられている。ちなみに彼は日本にある原発50数基をきっちり動かすことを提唱している人物である。

※もんじゅ…使用済みの核燃料を再循環し、新しい核燃料に作りかえ再利用するという計画。現在迄成功した例は無く、アメリカ、イギリス、ドイツ、フランスなどは計画を中止している。

☢ 大飯原発再稼働差し止め

大飯原発も再稼働について是非が上ったが、福井地方裁判所の裁判により差し止めとなっている。福井の判決より一部だけ抜粋しよう。

「主文：被告（関西電力）は原告（周辺住民166人）に対する関係で、大飯原発3、4号機を動かしてはならない」

「人格権は憲法上の権利（13条、25条）であり、人格権の根幹部分に具体的侵害のおそれがあるときは、人格権そのものに基づいて侵害行為の差し止めを請求できる。侵害形態が多数の人格権を同時に侵害するとき、差し止めの要請が強く働くのは当然である」

「原発の危険性の本質、もたらす被害の大きさは福島事故で十分に明らかになった。本件訴訟はかような事態を招く具体的危険性が万が一にもあるのか、が判断の対象である」

「１２６０ガルを超える地震が起きた場合には、打つべき有効な手段がほとんどないと被告が自認している、また大飯原発には１２６０ガルを超える地震は来ないとの想定は不可能であり、到来する危険がある」

「福島事故でも地震がいかなる箇所にどのような損傷をもたらしたか、確定できていない」

「被告は７００ガルを超える地震はまず考えられないというが、現に想定以上の地震が10年足らずの間に４つの原発で５回も起きた」

「地震大国日本で基準地震動を超える地震が大飯原発に到来しないというのは、あまりにも楽観的と言わざるをえない」

「被告は原発稼働で電力供給の安定性、コストの低減につながるというが、きわめて多数の人の生存そのものに関わる権利と電気代の高い低いの問題を並べて議論したり、議論の当否を判断すること自体、法的には許されない」

「コスト問題に関して国富の流出や喪失の議論があるが、豊かな国土とそこに国民が根を下ろして生活していることが国富であり、これを取り戻すことができなくなることこそが国富の喪失であると、当裁判所は考える」

「被告は原発稼働がCO_2の削減に資するもので環境面で優れていると主張するが、福島事故は我が国始まって以来最大の公害、環境汚染であり、環境問題を原発運転継続の根拠にするのは、はなはだしい筋違いである」

まさにそのとおりである。

原発反対派の知事といえば泉田新潟県知事である。彼の言はいくつもあるが、一例としてはこのように述べている。「とにもかくにも、もうチェルノブイリ事故から、28年経っているのですから、何が起こったかも、ゼンブ分かっているわけですから、それに学ばない、等ということが、この情報社会において、あり得るのでしょうか？」

まさにそのとおりである。

揺れる川内原発

現在執筆段階で川内原発再稼働が問題になっている。しかし当の田中俊一規制委員長でさえ「安全だとは私は言わない」といっている。これは自分では責任を取りたくないが原子力ムラには配慮したと考えるのが妥当だろう。彼はこうも述べている「基準に適合しているかどうかを審査するだけで、稼働させるかどうかには関与しない。」つまり彼らにはリスクマネージメントの考え方や、そもそも地球を汚染し続けているという考え方は存在しない。再稼働における基準適合のポイントは、基準地震動を従来の５４０ガルから６２０ガルにあげたこと、最大の津波の高さを約４ｍから約６ｍに引き上げたことらしいが、福島でさえそれ以上の津波が来たのにまた予想不可能だったというつもりだろうか。また、川内原発については周辺火山の噴火が影響するのではないかと危惧されているが、「安全性へ影響する可能性は小さい」といういつもの利権側の判断で通過したわけである。

結論的に福島の汚染状況は他とは比較にならないレベルであり、関東でも多くは線量が以前よりも高いが、現在の線量を純粋に考えれば、テンパってまで危険だと思うレベルではない。まず現在気をつけなければいけないのは、内部被ばくでありホットスポットであるということが言えるだろう。しかし状況把握や自分の方針決定は大事だが、根本的にはこの国の原発行政を市民が潰すしかないのだということなのだ。

Part 3

隠蔽される情報とデタラメな対策

医療と数値に翻弄される市民

Chapter
11

エートスとはなにか？

原発依存のフランスが主導

いま、内部被ばくを煽るためのプログラムが広められようとしている。それがエートスであるが、エートスについてはほとんどの人が知らないか勘違いしている状況である。

エートスとは世界で原発依存の最も高いフランス主導のプログラムである。主導者はフランス人のジャック・ロシャールといわれ、綴りとしてはＥＴＨＯＳと書く。これはギリシャ語のＥＴＨＯＳ（「エトス＝信頼、パトス＝感情、ロゴス＝論理」からきているといわれ、チェルノブイリ原発事故後ベラルーシで行われたものだ。そしてその観念は放射線防護対策に重点を置くのではなく、環境はもう汚染されてしまったのだから仕方ないという考え方がベースになっている。それだけを考えればいいように聞こえるかもしれないが、これは利権側、原子力ムラ側にとっては非常に都合の良い考え方であり、生活を汚染スタイルにかえろというもので単なる貧しい人々に対しての実験に過ぎない。しかもそれが防御的な指導などならまだましだろうが、実際は真逆のことを行っているのがエートスなのだ。

福島のエートス

これを福島に持ってきたのがいわき市の安東量子氏（本名鎌田陽子）である。エートスほどの詐欺を見つけるのはこの世の中ではなかなか困難であり、まさに殺人運動の指導者が彼女であるという言い方ができる。そしていま日本のエートスは着実に進められている。もちろんエートスを推し進める人間たちは、チェルノブイリで分かっているさまざまな病気に対して、最終的に何の責任も取らないであろう。事実、安東量子氏は「最終的にリスクを負うのはその住民ですし、福島の今後を決定するのは住民だと思っています。」と語っているが、政治や政府がなにも取り組んでおらず、東電や経済界たちも好き放題している中でのこの発言は、「貧民ども自分で何とかしろ、貧民にふさわしい教えは広げてやるが死のうが病気になろうがエートスは知らん」と言っているに等しい。

エートスは一見するといいようにみえることもやっている。たとえば放射線量を数値化して線量計を子供や妊婦に付けさせるということだ。これは一見すると何も間違っていないが、やっていることを総合的に考えねばならない。高線量の地域は避難や本当の意味での除染を検討するのが筋であり、それに逆行した行動をとりながらの線量測定は、ＡＢＣＣがやってきたことと同じであると気付けるかどうかがカギなのだ。

汚染された環境での生活を推奨

福島の問題や内部被ばくの問題や原発行政の問題は、解決するために多くのものを必要とする。しかしその第一歩は知識や情報であり、それらを総合的に見てどう判断し行動するか、またもう一つ重要なのは科学的知識や情報がなくても、生物や親や子どもとしての素朴な観点としてどう行動していくかということにある。エートスはそれに逆行しているのであり、御用学者やエライ大先生たちを利用して住民を洗脳していく。

日本の御用学者や医者や政治家たちは、IAEA、ICRPという権威組織、違う言い方をすればインチキ利権組織に従って人々に被ばくを強いている。そしてウクライナでも決してありえない線量のもとに住民を帰還させようとし、住民を除染作業にまで駆り出しているのだ。除染作業をやるならまず最初に政治家や経団連や東電の社員にやらせればいいだろうに。そんなエートス運動、食べて応援運動、風評被害対策運動という嘘がどんどんと広がってきている。たとえば福島市の放射線対策はキノコを食べることを推奨しているが、キノコは放射能をため込む代表的な食材である。関西の子どもを福島へ連れて行ったり桃を食べようという運動もあった。福島の食べ物推進運動は駅などのポスターにも普通に掲げられている。

エートスはもともとCEPNという組織がたてたプログラムであるが、CEPNの目下のメンバーは、フランス電力公社（EDF）、フランス放射線防護原子力安全研究所（IRSN）、フランス原子力・代替エネルギー庁（CEA）、そしてアレバ社（AREVA）の4つの団体である。EDFはフランスの主要電力会社で、フランス政府が85％の株を所有している。アレバ社は1976年に設立された核資源公社で、フランス政府が99％株を所有している。つまりこれらはいわゆるフランス原子力ムラであり、日本の原子力ムラよりはるかに強い存在である。放射線被ばくを過小評価し、国際原子力ムラの妨害とならないよう誘導していると言えよう。

告発した医師たち

そんなエートスの連中がベラルーシに赴いた後どうなったか、それが当然ながら重要であろう。彼らは約6年間ベラルーシで活動したといわれているが、その結果それまでの10倍の放射能由来の重症患者が出てしまったといわれている。そして福島には早くからＩＣＲＰが講演活動にきている。すべては放射能は安全であるという政治的洗脳を達成するためだ。

そんな中でエートスに関して告発した医師も海外にはいた。その代表がミシェル・フェルネックス医師でありまた、ユーリ・バンダジェフスキー博士であり、クリス・バズビー博士である。ミシェル・フェルネックス医師は1929年ジュネーヴ生まれのスイス人で、ＮＰＯ『チェルノブイリ／ベラルーシの子どもたち』（ＥＴＢ）を夫人と創設。ＷＨＯの専門委員在籍中にチェルノブイリ原発事故があり、ＷＨＯが事態を隠ぺいした事やＩＡＥＡとの癒着関係を世に訴えた。反核における先駆者のひとりと言えるだろう。

彼はこう述べる。「欧州をエートス・プロジェクトに従わせたのは、ＣＥＰＮで、私ども『チェルノブイリ／ベラルーシの子供たち』と同じＮＧＯで、このＮＧＯが欧州に対してエートス計画を擁護したのです。このCEPNは、社会的に有利な立場に立っているEDF（フランスの電力会社）、CEA（フランス原子力庁）に、AREVA（アレヴァ社）が合流し、私たちに比べれば巨大な組織によって設立され、エートス計画を欧州連合に承認させ、融資を受けました」

ベラルーシの惨状から福島を占う

「彼らは著名な農学教授を呼んできて、どんな時期にどんな肥料を撒いたらいいか、畑をする人に説明させました。確かにその方法でやっていれば、ジャガイモに含まれる放射能の量は、市場に出すことを禁止されている濃度から、認可された範囲内の濃度に変わります。それは汚染がないということではなく、規制値の上で市場に出荷ができる濃度のことです。人々はジャガイモを売れるので満足していました」

「その事業の6年後に彼らは総括しました。私は（6年の成果を報告する発表会に）招かれて、それは立派に準備されてみな満足しているようでした。（中略）しかし過去6年間の間に悪くなり始めた健康事情が徐々に、さらに非常に悪くなっている上昇カーブの中にいたのです。チェルノブイリ後何年か安定した年があり、87～88年頃までは悪化状態に変化がなかったのが、その後悪化し始めどんどん悪くなって来ている。エートスのチームがやって来たときには、少なくともこれからは安定期に入るだろうと期待しましたが、安定期は来なかったのです。あらゆる病気、出生時の子供の病気の悪化を示す曲線が上昇するばかりでした」

「入院患者数を示した表を見ましたが、86～87年頃にあるレベルに達していたのですが、エートスがやって来てからそれが上昇し続け、重症入院患者数はチェルノブイリ直後に比べ10倍にもなりました。患者数が減った時期など一度もありませんでした」

「もし私が誤解していなければ、プロジェクト後も福島では重症入院患者数は増加し続けるでしょう。（中略）放射能災害後の健康の悪化は、新生児以外は先ほど述べましたようにある期間が経ってからです。福島では3、4年後に病気が増え始め、その後急上昇することになるでしょう。そしてもしエートスにこの問題に取り組ませても、彼らが立ち去るちょうどそのときに増加率はとても高くなるでしょう」

※ミシェル・フェルネックス著「終わりのない惨劇―チェルノブイリの教訓から」、そして彼の出演するyoutubeなどを参考にした。

まさにこの通りの現象が3年たった日本で起こっている。

これから先は急速に状況が悪化していく。

Chapter 12

希釈政策とは

汚染された瓦礫や食品をまき散らす

もう一度なぜここまでして政府や経済界は放射能を広げるのか、政治的に考察してみようと思う。

現在日本がやっている放射能行政を総称して、「希釈政策」（汚染瓦礫の拡散や食品の流通、その他）とか「拡散政策」などと呼ぶ。その反対の呼称が「閉じ込め政策」であり、希釈政策が世界中から非難されていることは、もはや常識となりつつある。つまり日本にいる限り東なら危険で西なら安全ということはないし（といっても差はあるし福島の線量は違う領域だが）、行政の立場から言えば放射能や原発に関しては、わざと嘘を言うというのが既定路線であり作戦なので、国民が批判しようが騒ごうがそんなことは彼らには関係ない。それはカネ目当てだけの問題ではないからだ。そこに優生学的な思想を発見せねばならない。優生学的な思想とはお金持ちや貴族や上流階級など、その人間たちだけが優秀でありオイシイ思いをすればよく、貧民や有色人種などは搾取してどうなろうとかまわないという考え方だ。もとは白人を中心にした考え方だがもはや白人ではなく、白人の質の悪いコピーと化した多くの日本人に垣間見える思想である。これはがれき拡散などにも反映されており、こちらの図もインターネットからお借りしたので参照してもらえばよいだろう。

☢ ベラルーシと同じ傾向を示す疾患

現在、福島を中心に甲状腺がんや心臓病死が増加傾向にある。たとえば報道されたものでは福島市にある大原綜合病院付属大原医療センターの石原敏幸院長代理が報告して

2012年11月29日の大阪試験焼却から見る、各地の瓦礫焼却時の微粒子状物質の拡散範囲予想

参照：【そらまめ君】2012年11月29日20時データ
※風向き次第です。目安程度にしてください。

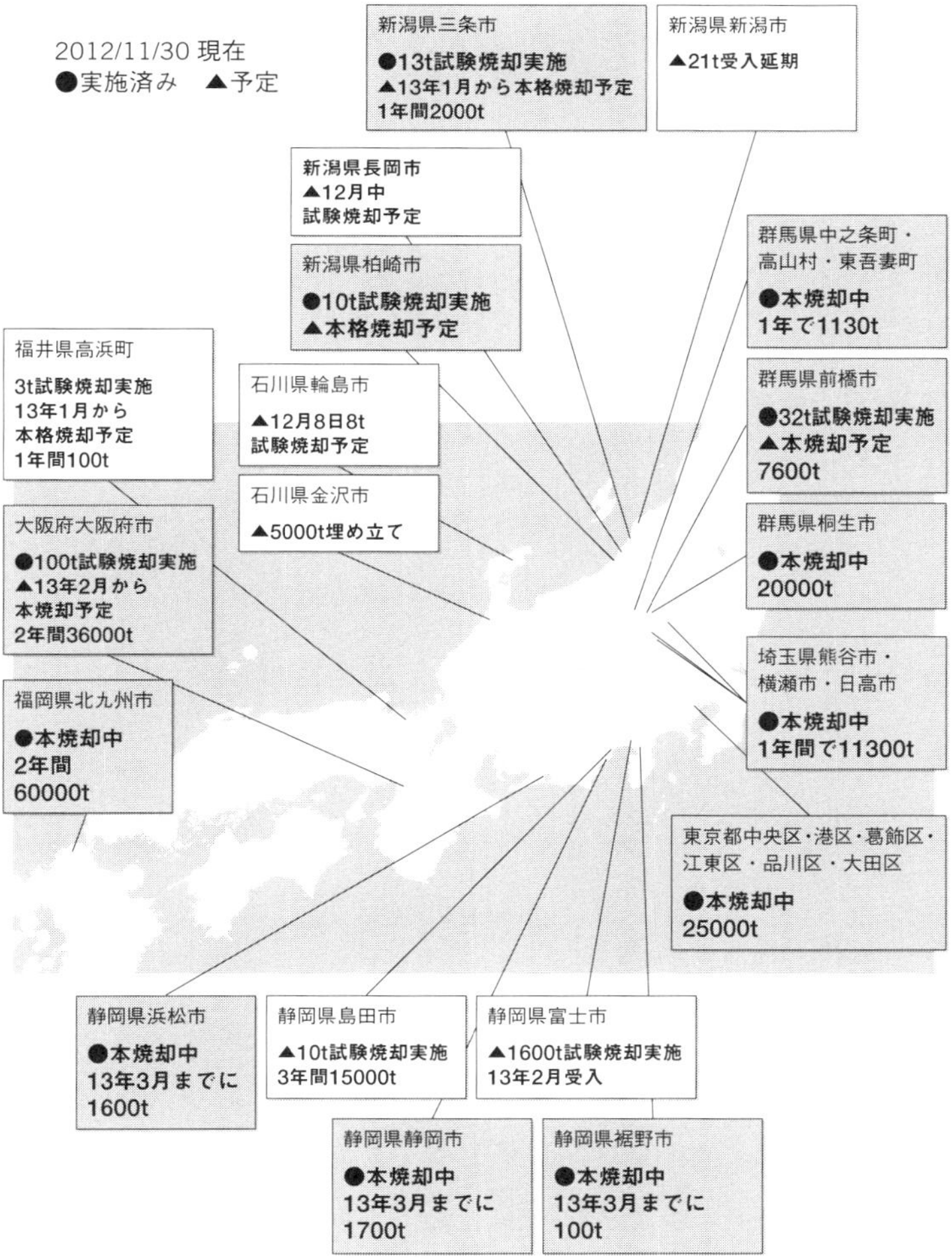

いる。同センターで心疾患の入院患者数などを分析したところ、震災の前後で明らかな増加がみられたという。震災前の２０１０年には、心不全１４３人、狭心症２６６人だった。２０１１年には心不全が１９９人に、狭心症は２８５人に増加した。さらに２０１２年は６月までの半年間で、心不全１８４人、狭心症は２１２人に達した。これはベラルーシなどと全く同じ傾向である。世界的な内部被ばくの権威であるベラルーシのユーリ・バンダジェフスキー博士は、セシウム１３７が心筋に蓄積することをずっと昔から指摘しており、チェルノブイリ事故で汚染されたベラルーシでその影響を調査報告している。日本政府や福島県では、セシウムが心臓に与える影響を認めていないが、これは彼らにとっては当然のことであり、同程度の大地震でここまで心臓病が増加したケースはない、とする報告もあるのでストレス論はやはりインチキだと考えたほうがよい。

それでも因果関係は認めない

また福島県立医大はこのような疾患情報を一元化しているが、一部報告されている甲状腺がんでさえも非常に数が増えており、福島県の子供の甲状腺がんの報告数は104人に増えた。これは自然発症率から比べると約300倍にあたるが、まだ国家や御用学者側は因果関係を認めていない。そしてこれらを内部から暴いたりすることはがん登録法違反となり、それは秘密保護法違反と結び付けられる可能性がある。これは国家ぐるみや世界レベルで隠蔽したいからに他ならないが、隠蔽の布石だけでなくさまざまな社会毒普及のための布石、ばれてきた医学行政隠蔽のための布石でもある。

甲状腺がんを代表とする放射性物質による病気は、すぐに出るというより数年たってから顕在化してくることは紹介したとおりである。すでにその兆候はみられており、さらにいえばその数字さえも嘘ということがありえる。放射能との因果関係証明が難しい、心臓疾患や精神疾患や膠原病などは正確な数字がつかみにくいからだ。これは今後も誰ひとり証明することができないわけであり、全体の数字と歴史変遷を加味しながら考える必要があるのだ。

デタラメな解釈とあきれた弁明

いまだ放射性物質は垂れ流しであり汚染水の処理に関して見通しは立たないことはすでに述べた。もんじゅに代表されるほかの原発機関も危険のオンパレードであり、それでもこの国は再稼働と原発ビジネスにしか興味がないこともすでに述べた。汚染水を海に放出し続けていることもすでに述べたが、それもまたいわゆる希釈政策である。もともと閉じ込め政策のもととなる考えはロンドン条約であり、この条約ではあらゆる放射性廃棄物の海洋投棄を禁止している。しかし日本国と政府と官僚は、「ロンドン条約は、船からのゴミの海洋投棄を防ぐものである。汚染水流出は船からの投機ではない」と、愚民政府にふさわしい意見を表明している。そして最後は「海に汚染水を投棄するのは苦渋の選択であった。大変申し訳ない」って言ってしまえば愚民ごとき、さっさと騙してしまえると思っている。たとえ最初から決められたことであっても。愚民は愚民と思われて当然なのだ、なぜならそれくらいなめられており愚民は行動しないからだ。

がん登録法の本当の狙い

この希釈政策を支える法律が特定秘密保護法とがん登録法と国家安全保障会議（日本版NSC）である。がん登録法については、がんを統計するというのはただの建前であり、真意として第一に挙げられるのが放射能に関するがんの発生度数、発生場所、治療内容や治療の経緯などをすべて隠蔽することにある。その他にも複数の目的はあるだろうが、すべては私にはわからない。これらを公開した場合、最大懲役2年の罰則がついている。法案としては「一元管理することにより、個人情報の漏洩が懸念されるが、厚生労働省によれば、公務員などが患者の個人情報を漏洩した場合は、以下のような罰則に処する」として、「①全国がん登録の業務に従事する国・独立行政法人国立がん研究センター・都道府県の職員等又は②これらの機関から当該業務の委託を受けた者等が、当該業務に関して知り得た秘密を漏らしたときは、2年以下の懲役又は100万円以下の罰金に処することとする」となっている。

☢ 戦後50年のがん増加と原発

実はすでにこの流れと同じ時代が存在した。それが第二次世界大戦後の広島・長崎であることもすでに述べた。そしてその組織がABCCであり原爆障害調査委員会であることもすでに述べた。ABCCの主たる目的は核兵器が人類にとってどんな意味を持つかを決めるためのもので、いわゆる冷戦戦略ともいわれる。援助していたのはアメリカであり、その中でも米国防総省になる。このことはアメリカの科学者も関連について述べており、アメリカの放射能に関する有名な科学者であるスターングラス博士は2006年に来日し、戦後、日本において海岸沿いの国土の2割程度の面積に人口が集中していており、原発も近くに配置されていることが、戦後の50年でがんの死亡が増え続けていることと関係していると指摘する。日本にある原発の八割がアメリカ製であることも指摘している。もちろん原発だけですべてのがんを説明はできないが、関係はあってしかるべきであろう。

希釈政策の隠蔽にはさまざまなドラマがあるようだ。週刊紙が掲載した内容では不倫問題で経済産業省から飛ばされたあの西山英彦元官房審議官が、出向先の環境省で辞表を叩きつけたというものがある。記事を要約すると、彼が除染事業の破たんを見抜いたのに相手にされず、抗議の辞職だったということだ。西山元審議官といえば、2年前の福島第1原子力発電所事故を受けて、経産省原子力安全・保安院（当時）の広報マンとして、ニュース等でよく顔を知られた人物である。

官僚として都合が悪いと握りつぶされる

記事では除染事業のインチキさを告発している。記者は次のように語る。「環境省は、東京電力福島第1原発の周辺11自治体に対し、国の責任で『来年3月』までに除染を終了するというロードマップ（工程表）を決め、ホームページにも掲載してきました。ところが、実際にスタートできているのは、楢葉町など４つの自治体だけで、残りの浪江町など7自治体は除染作業の計画すら立たない状態。やる気のない環境省のせいですが、石原伸晃環境相をはじめ環境省の上層部はなんと、ロードマップの練り直しではなく、除染終了のめどを『白紙』にすると密かに決めてしまったんです。これは事実上、除染計画の破たんを意味します。そんなことを一方的に決められ、西山さんは怒りを募らせていました」

「広域がれき処理が検討されたとき、各地で汚染廃棄物を燃やすことによる弊害が再三にわたり各自治体やメディア等で取り上げられていたが、今度は福島で堂々と放射性物質を燃やそうとしている。焼却炉技術はまだ不十分な段階。ろ過用のフィルターがセシウムを取り過ぎると、フィルター付近の線量が何十万Bqにも達して、処理が極めて危険になるので、〝取り過ぎない〟焼却炉を投入するはず。そうなると、放射性物質を含んだ排気ガスが放出され続け、福島の大気は汚染されてしまう」西山氏は退職間際、環境省の会議室の一角を板で囲い、即席の個室をあてがわれていた。「それはまるで、座敷牢に閉じ込め、西山さんの声を抹殺するに等しい扱いでした」と環境省クラブ記者は同情する。

除染を行わないのもがれき拡散するのもすべて意味があってやっている。これもまた一つの希釈政策なのであり、日本の現況なのであろう。

Chapter
13

日本の食料の汚染状況

世界が輸入禁止にしている日本食!!

日本の食料はすでに海外では汚染物質としてしか扱われておらず、多くの国が輸入禁止措置していることを知っているだろうか。P152、153の図もインターネットからお借りした有名な図なのだが、これだけ多くの国が危険だと思っているのに、当の日本人自体が何も意識していないか、根拠もなく安全だと思っているのが現状である。

売り上げ好調な福島の野菜

食べて応援やエートスがいかに危険化はすでに述べたが、そんな中で福島の野菜は好調な売り上げになっている。福島県内ＪＡが経営する農産物直売所の平成25年度の売上総額は約70億円で、これまで最も多かった22年度を約４億３千万円上回り過去最高となったと報道された。もともとの基準がおかしいうえに全例検査をしているわけではないのだが、全種類を調査したように装い（全例と全調査の違いを把握することが重要）、現在も垂れ流しの汚染水や海洋汚染の問題、福島の汚染状況の今がいかなるものかも正確に把握せず、売り出ししているのが現状だ。

エートスや食べて応援運動、風評被害対策という嘘が実った結果、22年度は65億１８００万円（53店舗）で、集計を始めた18年度以降最も多かったらしい。原発事故発生後の23年度は風評被害が響き53億１２００万円（51店舗）に減少しているが、これも元々はおかしいのである。その理由はウクライナと日本の違いから勉強していた

本当に食べても安全ですか？

世界が輸入禁止にしている日本の食品

14
8
7
6
4
2
輸入禁止にしている国・地域の数
(都道府県別・1品目以上で1カウント)

米国

福島：米、ほうれんそう、かきな、原乳、きのこ、イカナゴの稚魚、アユ、ウグイ、ヤマメ、ゆず、キウィフルーツ、牛肉製品、クマ肉製品、イノシシ肉製品、畑わさび、ふきのとう、わらび、こしあぶら、ぜんまい、たらのめ等

栃木：茶、牛肉製品、シカ肉製品、イノシシ肉製品、クリタケ、ナメコ、タケノコ、シイタケ、さんしょう、わらび、こしあぶら、ぜんまい、たらのめ

岩手牛肉製品、タケノコ、シイタケ、せり、わらび、こしあぶら、ぜんまい、マダラ、ウグイ、イワナ

宮城：牛肉製品、クマ肉製品、シイタケ、タケノコ、こしあぶら、ぜんまい、ヒガンフグ、スズキ、ヒラメ、マダラ、ウグイ、イワナ、ヤマメ

茨城：茶、シイタケ、イノシシ肉製品、タケノコ、こしあぶら、ウナギ、シロメバル、ニベ、アメリカナマズ、スズキ、ヒラメ、ギンブナ

千葉：茶、シイタケ、タケノコ

群馬：茶、ウグイ、ヤマメ

神奈川：茶

ブルネイ

福島、東京、埼玉、栃木、群馬、茨城、千葉、神奈川（８都県）　全ての食品

ニューカレドニア

福島、群馬、栃木、茨城、宮城、山形、新潟、長野、山梨、埼玉、東京、千葉（１２都県）
全ての食品、飼料

シンガポール

福島、群馬、栃木、茨城（４県）
食肉、牛乳・乳製品、野菜・果実とその加工品、水産物

フィリピン

福島
ヤマメ、コウナゴ、ウグイ、アユ

提供：金吾 http://kingo2.blog.fc2.com/　イラスト・デザイン：水谷ゆたか　2012年9月作成
農林水産省「諸外国・地域の規則値」（平成24年8月27日現在）より

ロシア

福島、群馬、栃木、茨城、東京、千葉
（６都県）全ての食品

台湾

福島、群馬、栃木、茨城、千葉（５県）
全ての食品

マカオ

福島全ての食品　千葉、栃木、茨城、
群馬、宮城、新潟、長野、埼玉、東京
（９都県）
野菜・果物、乳製品

香港

福島、群馬、栃木、茨城、千葉（５県）
野菜・果実、牛乳、乳飲料、粉ミルク

クウェート

４７都道府県全ての食品

サウジアラビア

福島、群馬、栃木、茨城、宮城、山形、
新潟、長野、山梨、埼玉、東京、千葉
（１２都県）全ての食品

レバノン

福島、群馬、栃木、茨城、千葉、神奈川
（６県）左記県における
出荷制限品目

ギニア

４７都道府県

牛乳及び派生品、
魚類その他の海産物

韓国

福島：ほうれんそう、かきな等、梅、ゆず、くり、キウイフルーツ、米、
原乳、きのこ類、たけのこ、青わらび、たらのめ、くさそてつ、こしあぶら、
ぜんまい、わさび、わらび、コウナゴ、ヤマメ、ウグイ、アユ、イワナ、コイ、
アイナメ、アカガレイ、アカシタビラメ、イシガレイ、ウスメバル、
タナゴ、ムシガレイ、キツネメバル、クロウシノシタ、クロソイ、
クロダイ、ケムシカジカ、コモンカスベ、サクラマス、シロメバル、
スケトウダラ、スズキ、ニベ、ヌマガレイ、ババガレイ、ヒガンフグ、
ヒラメ、ホウボウ、ホシガレイ、マアナゴ、マガレイ、マコガレイ、
マゴチ、マダラ、ムラソイ、メイタガレイ、ビスノガイ、キタムラサ
ウニ、サブロウ、　エゾイソアイナメ、マツカワ、ナガヅカ、ホシザメ
ウナギ、飼料

群馬：ほうれんそう、かきな、茶、ヤマメ、イワナ、飼料

栃木：ほうれんそう、かきな、きのこ類、たけのこ、くさそてつ、さん
ょう、こしあぶら、茶、たらのめ、ぜんまい、わらび、ウグイ、イワナ、

茨城：ほうれんそう、かきな等、きのこ類、たけのこ、こしあぶら、茶、
原乳、メバル、スズキ、ニベ、ヒラメ、アメリカナマズ、フナ、ウナギ、コモ
カスベ、イシガレイ、飼料

宮城：きのこ類、たけのこ、くさそてつ、こしあぶら、ぜんまい、
スズキ、ウグイ、ヤマメ、マダラ、ヒガンフグ、イワナ、ヒラメ、クロダ

千葉：ほうれんそう、かきな等、きのこ類、たけのこ、茶
ほうれんそう、かきな等は３市町（旭市、香取市、多古町）のみが対象

神奈川：茶　岩手：きのこ類、こしあぶら、ぜんまい、わらび
せり、たけのこ、マダラ、イワナ、ウグイ

中国

福島、群馬、栃木、茨城、宮城、新潟、長野、
埼玉、東京、千葉（１０都県）
全ての食品、飼料

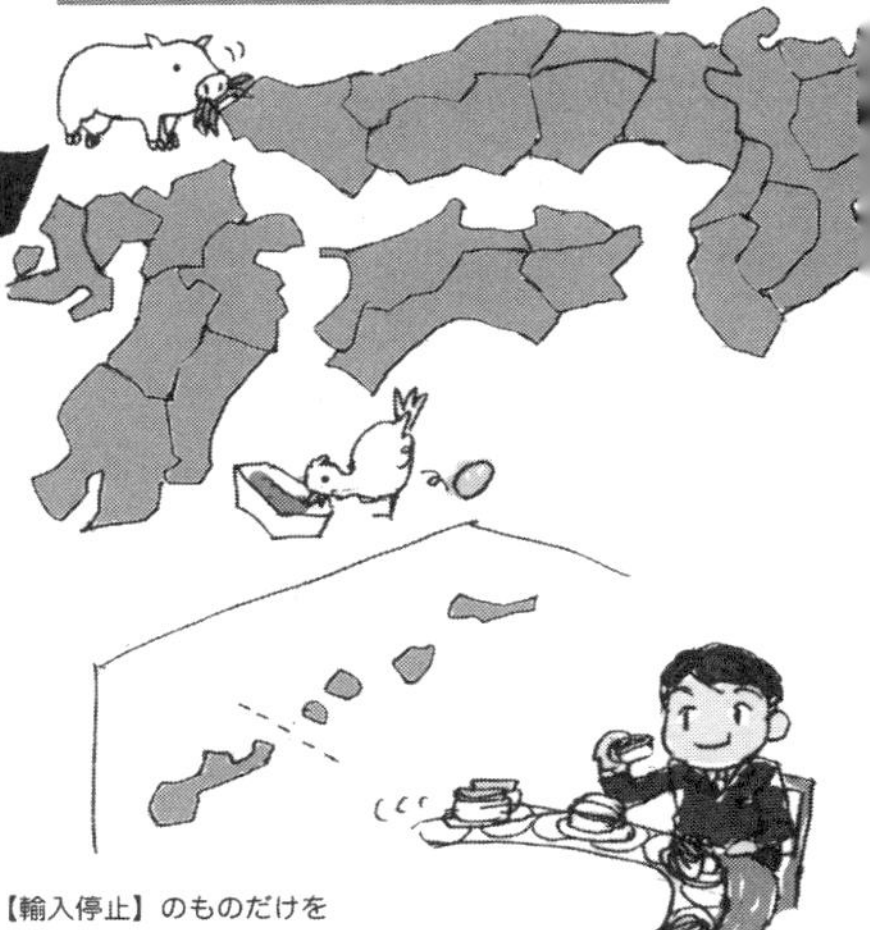

※ここには【輸入停止】のものだけを
表示しています。「検査証明書の要求」等の
規制をしている諸外国・地域はこの他にも多数有ります。

だきたい。ちなみに24年度は57億9400万円（52店舗）、25年度は69億4500万円（50店舗）と持ち直したそうだが、もはや言葉もない状況である。

正しい産地の選び方

どこのものを食べたらいいのかということをよく聞かれるのだが、私としては神奈川より東の太平洋、北海道より南の太平洋の魚貝類や海藻は避けている。気にしだすとこの世には何も食べるものがないなどと、すぐに経済至上主義の愚かな人間たちは口にするが、このようなチェルノブイリに匹敵する事故が起こりながら、金儲けばかりいまだ考えているなど、まさに滅ぶに値する民族といえるのかもしれない。本来は垂れ流しや原発行政や日本中の土壌汚染状況をしっかり把握し、閉じ込め政策のもとに放射能は封じ込めを行い、その被害を受けた人々に対しては政府や東電が賠償するのが筋である。しかし東電は黒字になっているにもかかわらず経営が厳しいかのように、賠償などできないかのように装っているのが現状なのだ。

加工という産地偽装

また、太平洋のものを避ければ何でも安全ということではない。以下の話は報道ではなく複数関係者からの情報だが、私たちの周りには放射能検査してない野菜、特に福島や関東の野菜が流通しており、西のほうへもかなり出荷されている。加工品となったり給食に使われるのが多いようだが、完全な実態はわからない。それが流通するのは安いからであり、国から補助金が出るからだそうである。こうやってじわじわと内部被ばくが進み希釈政策は浸透してきているのが現状だ。またこれは野菜だけでなく、試験的に福島でとれた魚も同じであり、福島産と名がつけば売れないため加工食品などに姿を変えている。業者としては健康リスクなどの興味はなく安く仕入れればそれでいいということだろう。また福島を中心として奇形魚や巨大魚なども利用されている。これらはやはり加工食品とか安い回転ずしなどのネタとして姿を変えるようだ。こうやってこの国は子どもや弱い人々をターゲットにする。

２０１３年12月18日に東電が発表した「魚介類の核種分析結果」によると、福島第一原発の湾内で捕獲したムラソイから、１kgあたり13万１０００Bqの放射性セシウムを検出している。他にも福島第一原発周囲で基準値の１００Bqを遥かに超える魚が捕獲されており、クロソイから８万９０００Bq、シロメバルから３万８０００Bq、アイナメから１万４２００Bqなどの超高線量が検出されている。

☢ 学校給食の危険

一年少し前の記事では放射性セシウムで汚染された給食を出した学校は18都府県、46市区町村、４３３校26園になると報道された。暫定基準値をこえた宮城県では、１kgあたり１２９３Bqという数値が出ていた。この時に鹿野農水大臣が、「調査検査体制が十分だと思っていたところが、そうではなかったことについては反省している」などとホザいていたが、自民党政府と東電が隠蔽のために妨害を繰り返しているのに、本末転倒とはこれ以外の何物でもない。給食だけで終わる話ではないだろうが、給食は予算が低いので安い食材が使われやすく、どこで放射能が多く混入してくるかわからないのだ。

2012 年 9 月 3 日福島県南相馬市小高区村上海岸付近にて。

食品の放射能検査地図

提供：ホワイトフード株式会社 www.whitefood.co.jp

これらは、厚生労働省が発表した2013年度の33万件の放射能検査結果をもとに、セシウムが検出された食品の平均値を都市別にしたグラフです。作成された北海道の食品会社であるホワイトフード株式会社のご好意により食肉、野菜、果物、きのこ、魚の各食材に分けて掲載します。ご家族の食材を選ぶ上で参考にしていただければ幸いです。

食肉の放射能検査地図

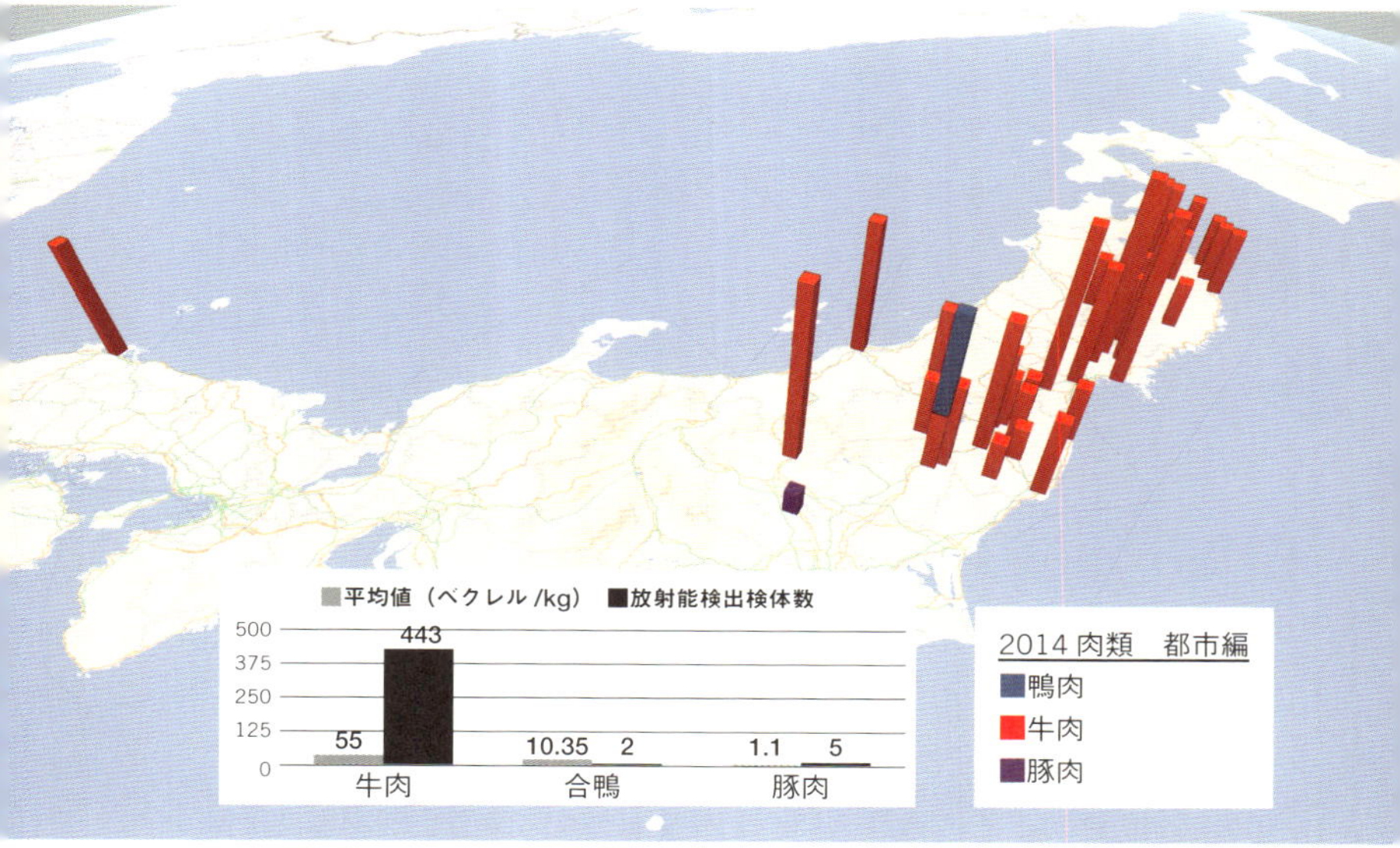

きのこの放射能検査地図

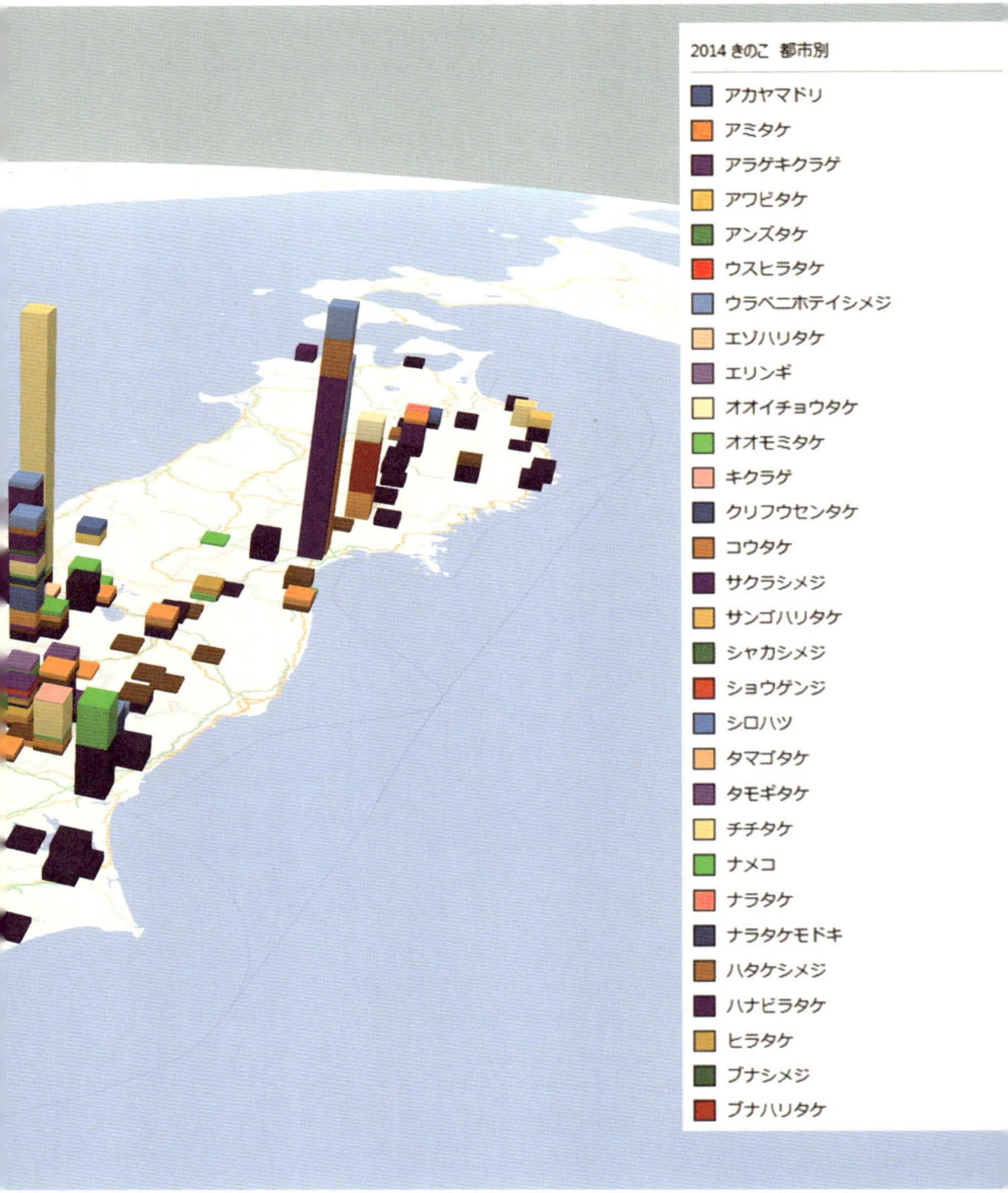

野菜の放射能検査地図

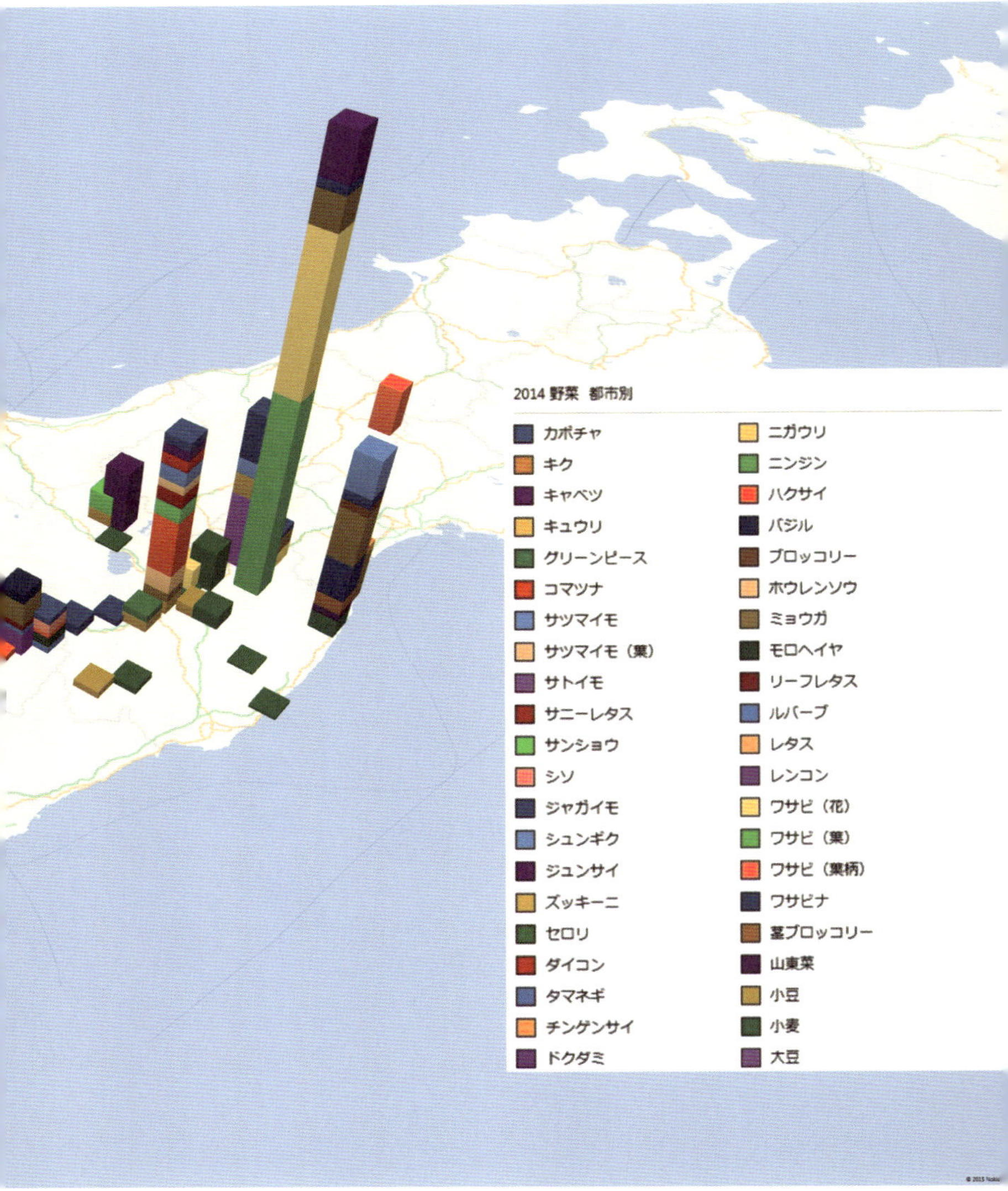
2014 野菜 都市別
カボチャ
キク
キャベツ
キュウリ
グリーンピース
コマツナ
サツマイモ
サツマイモ（葉）
サトイモ
サニーレタス
サンショウ
シソ
ジャガイモ
シュンギク
ジュンサイ
ズッキーニ
セロリ
ダイコン
タマネギ
チンゲンサイ
ドクダミ
ニガウリ
ニンジン
ハクサイ
バジル
ブロッコリー
ホウレンソウ
ミョウガ
モロヘイヤ
リーフレタス
ルバーブ
レタス
レンコン
ワサビ（花）
ワサビ（葉）
ワサビ（葉柄）
ワサビナ
茎ブロッコリー
山東菜
小豆
小麦
大豆

果物の放射能検査地図

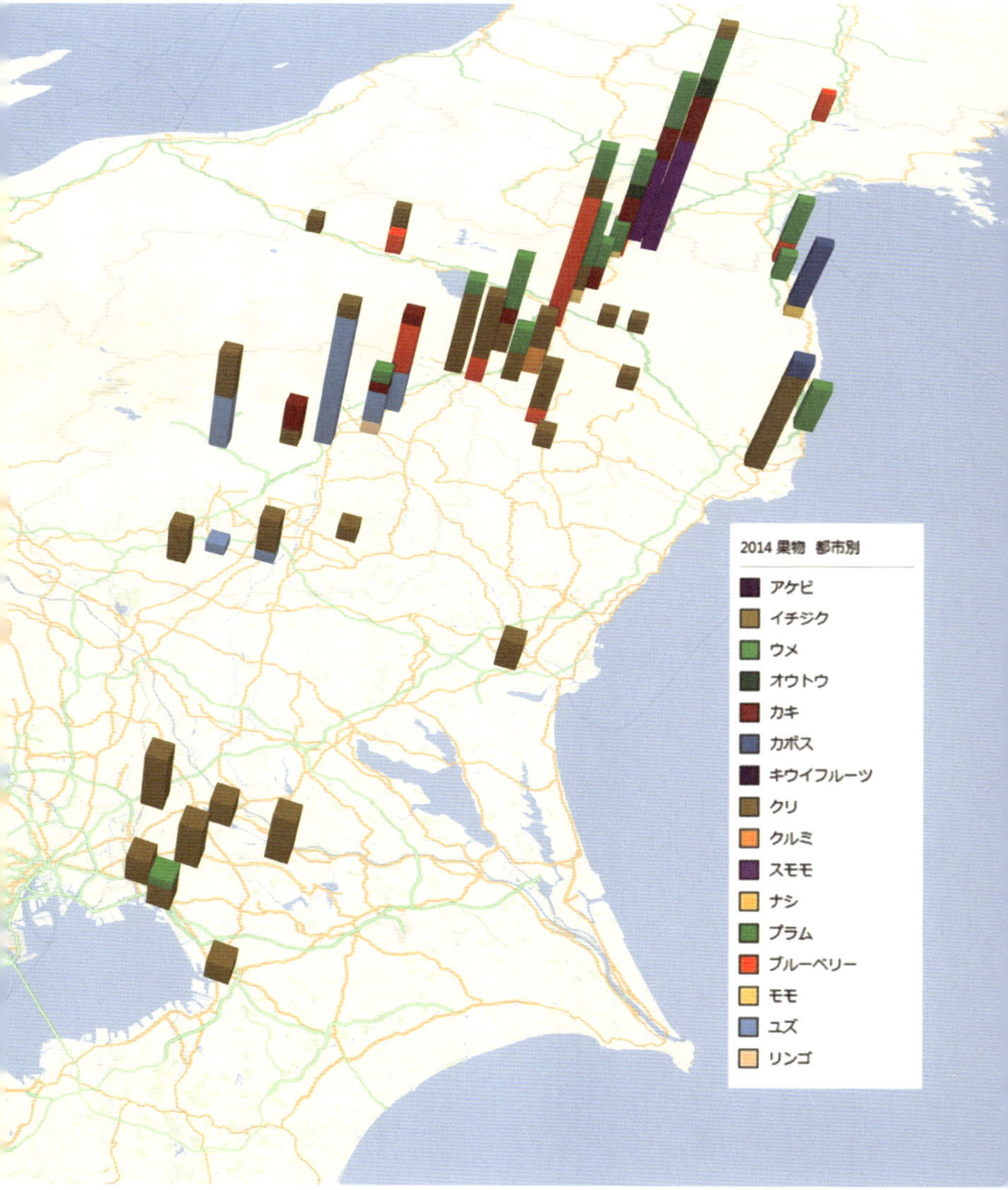
2014 果物　都市別
アケビ
イチジク
ウメ
オウトウ
カキ
カボス
キウイフルーツ
クリ
クルミ
スモモ
ナシ
プラム
ブルーベリー
モモ
ユズ
リンゴ

さかなの放射能検査地図

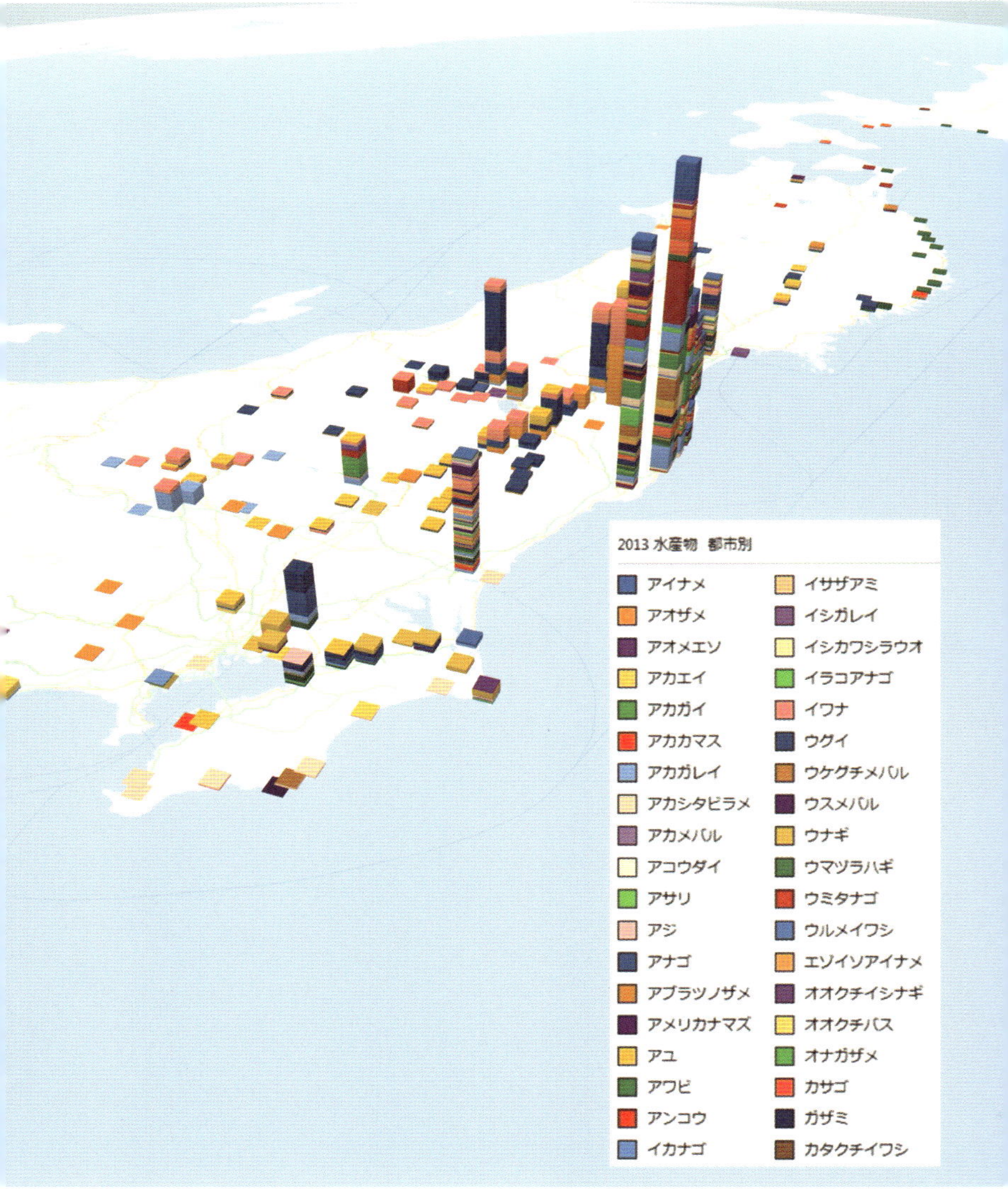

Chapter 14

放射線ホルミシス効果の嘘

微量の放射能は人体に有用？

エートスと同じくらい詐欺と呼べる言葉がある。それが放射線ホルミシス効果であり、この放射線ホルミシス効果にはちょっと詳しい人でも騙されている状況にある。

放射線ホルミシス効果とは、「放射線は被ばく量に伴い直線的に人体に悪影響を与える」という理論の反証として、米国のラッキー教授が「少しの放射量であれば人体に有用である」との理論を提唱したものだ。この理論は微量の放射線はホルモンのように人体に有効に作用するということから、「ホルミシス」と名づけられた稀代の嘘である。もとは宇宙船の宇宙飛行士が、宇宙に出て放射線を浴びたら逆に元気になったということが始まりである。

東京理科大学生命科学研究所客員研究員である高橋希之氏の「放射線ホルミシスを考える」で、論考の中において「被ばくで起こる生体応答（放射線適応応答を含む）には様々なものがあり、その中にはその条件において有益に作用する現象は確かにある。そして、それを応用することでヒトの治療に役立つものもある。しかし、一般論的に少しの放射線は体によいとか少しの放射線は受けた方がいいというのは間違いだ。」と結論付け、今まで有効の材料として使われていた各種のデータに鋭いメスを入れている。

放射能温泉の効果がホルミシスの証明とはならない

放射線ホルミシス効果を示す資料の一つとして、三朝地区のがん死亡率が減ったというものがよく提示される。日本の代表的なラジウム温泉であり鳥取県の三朝温泉である。

この三朝温泉のある三朝地域を37年間に渡って岡山大学医学部が調べた有名な研究では、三朝地域のがん死亡率は全国平均の2分の1になったとされた。しかしその後再検討された結果では、三朝地区のがん死亡率は、6年後の調査データでは胃がんを除いて大腸がんなどの減少は見られず、逆に男性では肺がんが増加していると報告されていることを明らかにしている（三朝ラドン温泉地区の住民の肺がん死亡率 は他地域の1・5倍）。また胃がんについては、放射性物質を含まない別府温泉でも減少が報告されていることより、ホルミシスの効果は薄いとしている。ほかにも資料はたくさんあるだろうが、まずはラジウム温泉などの場合、市民に考えてほしいのは、自然放射能が入っているからといってそれがホルミシス効果の証明になるとは限らず、温泉自体の効果、温熱療法の効果、生活変化の効果、その他もろもろを考慮しなければならないのにそうは考えないことだ。そうではなく人間は安直に走るので、放射能温泉と聞けば放射能がいい効果を出すとしか錯覚しない。

低線量被ばくで知能が低下

放射線ホルミシス効果が嘘であるとするデータは多いがいくつか紹介する。たとえば飛行機の乗務員は宇宙に近いので低線量の宇宙放射線を浴びるが、乳がんや皮膚がんが多いことがわかっている。低線量放射線の影響についてスターングラス博士は、フォールアウト（原爆実験などによる有害物質の落下）による胎児期の被ばくにより、知能低下（学習適正検査の成績低下）が生じたと１９７９年アメリカ心理学会で発表している。またスリーマイル島原子力発電所の事故によって放出された放射能によって、胎児死亡率が増加したと１９７９年、イスラエルで講演している。胎児期被ばくと知能低下との関係に関しては、１９８０年代に広島・長崎の原爆被ばく者のデータ（高線量率、高線量１回被ばく）から胎児期被ばくによって知能指数の低下が起こること、その線量効果関係には閾値があることなどが認められ、ＩＣＲＰの１９９０年勧告にもその事実が記載されている。これらはすべて急性毒性による問題ではなく、いわゆるすぐに致死には至らない低線量の被ばくを対象としている。

チェルノブイリ後の各地でも多くの研究がされている。チェルノブイリ原発事故が発生した後にスウェーデンで生まれた子供たちのデータを使った実証研究で、以下の発見を報告している。

・原発事故当時、妊娠8～25週目を迎えていた子供達は、中学校における学術テストの得点が（統計的に）有意※に低い

・数学での得点が特に低くなっており、認識能力へ何らかの影響が生じている可能性がある

・スウェーデン国内で放射線量が多かった地域で生まれた子供たちの得点が、全国平均よりも約４％ほど低くなっている

・しかし、学術成績以外の健康への悪影響は観察されなかった

※有意…統計的に偶然の結果ではない。意味が有る。

低線量被ばくで白血病も増加

チェルノブイリの作業員11万人対象を対象とした調査でも、低線量被ばくで白血病が増えるということが報告され、日本の週刊誌でも報道された。作業員約11万人を20年間にわたって追跡調査した結果、血液がんの一種である白血病の発症リスクが高まることを確かめたと、米国立がん研究所や米カリフォルニア大サンフランシスコ校の研究チームが米専門誌に発表している。発症者の多くは慢性リンパ性白血病で、急性白血病の人は少ないと報告（137人が白血病になり、うち79人が慢性リンパ性白血病）されており、調査対象者の被ばく線量は積算で100mSv未満の人がほとんどであるとされる。

年間1ミリシーベルトでも増加

1979年に発生した米国スリーマイル島原発2号炉（TMI2、PWR、96万kW）事故でTMI周辺でがんが増加しており、その原因は事故時に放出された放射能であろう、という論文が発表されている。ＴＭＩ事故の調査にあたった大統領委員会の報告では、周辺住民の最大被ばく量は、自然放射線による年間被ばく量レベルである、１ｍSv程度とされている。それでもがんは増加しているのだ。

広島の原爆による放射線被ばくの影響に関する調査で、これまで考えられていたよりもずっと少ない放射線量で健康被害が出ているかもしれない、という論文もある。広島で被ばくした人のうち、浴びた放射線が少量で健康に影響が少ないとされた人でも、被ばくしていない人よりがんで死亡する率が高いことが、名古屋大情報連携基盤センターの宮尾克教授（公衆衛生学）らの研究グループの疫学調査で報告されている。その内容では、各種がん死亡率を非被ばく者のものと比較した結果、極低、低線量の被ばく者は非被ばく者よりも固形がん（白血病など造血器系を除くがん）で１・２～１・３倍高く、肝がんでは１・７～２・７倍、子宮がんは１・８～２倍高かった。これまでの疫学調査では２００ｍSv（０・２Sv）未満の被ばくでは健康被害が見出されたことがなかった。ところが今回はその40分の１である０・００５Sv未満（５ｍSv）という極めて少ない被ばくでも健康被害が出ているかもしれないというのだ。これはまさに現在の関東の多くで当てはまる数字である。

低線量だから安全という保障はない

すでに述べたように、たとえばCT（コンピュータX線断層撮影）などに代表される医療器具で大量の放射線を浴びても、人は即座に死なないが発がん性が増すことなどがわかっている。これまでに出してきたデータはそれと一致している。検診などでの放射線被ばくが多くの病気を作り出していることは、善意の医学者ならばみな知っている当たり前の事実である。CTや胃のバリウムやマンモグラフィーは、実際に多数の病気を作ってきた。胸部レントゲン検査でも肺がんの発生率が増加することもすでに述べた。低線量だから安全などということはどこにもないのだ。しかし政府の御用学者たちは安全論をくり返す。

胃のバリウムは胃がんを増やす

科学的根拠を示せないがこういう情報もある。というか、私は筑波大学出身なのでよく聞いていたことであるが、以前から隠れ放射能汚染が叫ばれている茨城県の某市では、ずっと昔からがんが多いのだ。消化器内科の医局では胃のバリウムは胃がんを増やすので、自分たちはやらないということを多くの医者たちが普通に言っていたのだ。もちろんどこにも報道されないし、データさえ出されることはないだろう。そのような問題はずっと昔から存在している。

浴び続けるとがんの発生は高まる

なぜこのような科学的嘘がまかりとおり、みな騙されてしまうのか。なぜ整合性がとれないのかについてもう一歩考察してみたいが、たとえばラジウム温泉は、ラジウムからラドンや微量の放射線が出ており、人間の自然治癒力を刺激・活性化するという。こう聞くと論理的に聞こえるがそこが巧妙なのだ。たしかにロシアの宇宙船で観察されたように自然の放射線によって、体調が一時的によくなることはありえるかもしれない。しかし、浴び続けるとやはりがんの発生率は高くなり、様々な影響が出て病気は増え調子は下がるのだ。実際宇宙飛行士もずっと浴び続けたわけではない。

古いデータになるがアメリカで自然の放射線（ラジウム）による病気の治療を試みた実験がある。ユースタス・マリンズの『医療殺戮』にその詳しい記載があるが、実際は病気の治療にも役に立たなかったばかりか、この実験に参加した人はみな、体調が改善することなく亡くなり、実験のオーナーでさえも最終的にはがんで亡くなった。

放射能は生物の細胞を壊す

放射能というのは実は人体にとっては単純な物質である。これまで述べてきたように、放射性物質が放射線という毒を出し、生物の細胞を破壊するというシンプルな事実しかそこには存在しない。がんの治療に放射線が使われているのも、がん細胞を破壊するためでしかないが、実際はがん細胞はそれに抵抗性を身につけ、逆に多くのがんが放射線治療では治らないという結果になっている。

放射能問題で有名なスターングラス博士は、X線や原子爆弾のように集中された強い放射線よりも、永続的な低レベルの放射線の方がダメージは100倍から1000倍も大きいとまで述べている。

それではなぜラジウム温泉などは健康効果が高いといわれるのか。まず単純には述べたように放射線以外の健康効果を考えねばならない。ただそれだけではないのだ。これが人体科学の不思議というか奥深さであり、たとえば放射線が細胞や遺伝子を傷つけても、人体は修復する機能を持っている。これ自体は間違っておらずいわゆる自然治癒力である。放射線ホルミシス効果を訴える人々はそれを考慮していない。医師たちが医学部で自然治癒力について何も教わらないのと同じである。つまり宇宙飛行士がなぜ元気になったかといえば、それは放射線の直接的な作用ではないのだ。

☢ 自然治癒力について

たとえば放射線ホルミシス効果の原点である宇宙飛行士は、体力がもともとある人々が選ばれ体に栄養素も豊富である。宇宙空間では地上と絶えず交信しながら、健康を厳格に管理されている。そのような人が宇宙空間で放射線を浴びると、細胞は一時的に損傷されるが人体には自然治癒力があるので、少し時間がたってから細胞の再生と再活性化が起こる。だから一時的にはよくなったように見えることもある。東海村でお亡くなりになった大内さんと篠原さんの2名も、致死量を遥かに超える8Sv（グレイ）の被ばくをした。しかし事故後入院した当初、病院ではきわめて元気だった。精神的にも落ち着いており、看護婦相手に快活に冗談を言ったりしていたことがわかっている。

この構造は筋肉トレーニングとやや似ている。筋トレではマシンなどで特定の筋肉に負荷をかけて筋肉をいったん壊す。筋肉痛は筋肉が壊れた証であり、放射線を浴びて遺伝子や細胞に傷害をもたらすのもこれに近い。しかし人体には自然治癒力があるので壊れた筋肉は、強い負荷がかかっても壊れないものになろうと、これまで以上に太い筋肉になる。これと同じように宇宙で放射線を浴びた人は、元気になったように見えることがある。しかしこれは全く同じではないのだ。

日本中が病人だらけというのは偶然ではない

当たり前だが一般の日本人は、宇宙飛行士とは栄養状態や健康状態も違うし条件が違う。それに条件がそろっていても、毎日毎日筋肉を壊し続ければ人体は病気になってしまう。またあまりにも筋肉隆々のようなプロスポーツ選手は、総じて寿命が短い傾向にある。ホルミシス効果の謎はこのような微妙な構図の中に成立している。さらにいえば、今の日本人を取り巻く環境は、放射能に限らず社会毒だらけなのだ。特にミネラル欠乏は日本人に多くみられる状況だが、放射性物質は一種のミネラルなので非常に日本人は悪い影響を受けやすい。日本中が昨今において病人だらけなのは偶然ではない。そこにいま放射線はトドメを刺そうとしているのだ。違うい方をすれば原爆実験フォールアウト時やチェルノブイリ事故発生時の日本人のほうが、ミネラル豊富で体の修復機能は高かったといえる。まだ社会毒の普及が今より少なくて、食材も質の良いものを摂っていたからだ。

また人工放射能と自然放射能が違うということは前述したが、それも当然考慮せねばならない。過去において人間が病気になる理由の一つは自然放射能でもあったのだが、人類はその影響を、何万年もかけて排出しやすいように体を作り変えてきたと考えることができる。その考え方は山田豊文氏の細胞デザイン学などに詳しいので、知りたい方は参照してもらえばいいだろう。

放射能ホルミシスの正体

この弱い日本人、社会毒があふれた社会、そしてトドメの放射線という状況化において、放射能のホルミシス効果などを信じたのならば、悲惨な結果が待ち受けていることだろう。すでにその影響が出始めていることは何度も述べたし、放射能の影響はそれが甲状腺がんであっても白血病であっても、数年後に顕在化してくるわけであり、それはこの章で示したこととそのまま合致する。結局現在、「放射線ホルミシス効果」は原発利権の洗脳工作として利用され、巧妙に嘘をつき続けられているのが現状である。そして科学の原点さえも無視して、放射能問題を危険ではないとすり替えようとしているのだ。

西日本への避難・移住について

ここまで放射線ホルミシス効果の嘘や低線量でも危険なこと、日本では内部被ばくが重要であることを述べてきたが、それを踏まえて自分たちの行動を決める必要がある。講演でもどうすればいいかよく聞かれるのだが、もちろん私にも完全な正解などない。よく言われる1つの選択肢として、沖縄や九州地方などの福島から遠い土地への引っ越し、つまり「避難」があることがいわれている。ただ私は基本的に避難には反対の立場をとっており、その理由としてはその人たちの住んでいる場所やいろんな要素が絡むと思っているからだ。もちろん家族内でコンセンサスが取れ、避難先の地域で親が仕事を見つけたうえ、家族全員で引っ越すのならば、それ自体は否定しない。反対するのはテンパって行動した結果、悪い状況を引き寄せている人々がいるからだ。

ただこれまで挙げてきたデータや、私が測定所にお願いして尿中測定をしている結果を鑑みれば、関東の外部被ばくおよび内部被ばく線量はかなり下がっており、尿中測定の数字も下がっているのだ。私は原発事故当初から尿中測定をしていたわけではないので、その数字の前後はほかの測定所やほかの団体さんのデータも参考にさせてもらうしかないのだが、それを見る限り事故後の尿中測定値は高く、この一年はかなり下がる傾向がみられている。こう書くと安心に思われることが嫌なので書きたくないが、線量低下してきている状況と数年たってから起こる病気たち、福島原発はまだ何も収束しておらず行政が狂っていること、内部被ばくの危険性の問題と低線量でも危険性は高まること、そのことを総合的にみるしかない状況なのである。

「原子力左翼」とは？

現実を見てみると、避難を支援している人の多くが、放射能の危険性についてデータとは違ってことさらに煽り、中にはそれをビジネスとしている人も多くいる。そのような人間たちを私は「原子力左翼」と呼んでいるが、いわゆる「原子力左翼」たちは放射能については過剰に煽るが、この本に書いているその他の毒については無頓着なのだ。科学というのはそのように一対一で評価できるものではなく、たとえば放射能については過剰に危険を煽るが、ワクチンなどは推奨する「隠れ子ども殺し」も多数いるのが現状なのである。その点で「原子力左翼」の存在については注意するべきだし、たとえ避難するにしろ「原子力左翼」にのせられて避難することだけは避けねばならない。精神薬やワクチン、農薬の大量被ばく、抗がん剤などは、放射能よりも恐ろしい存在といって過言ではないのだ。

Chapter

15

先天性風疹症候群の嘘

先天性風疹症候群とは

近年私が注意を払い講演などで指摘することがある。よく観察されている方なら、この本に書かれているいくつかのことは全く根拠を示すことができず、私の考察によって書かれていることを見抜くだろう。それは当然のことであり世界中のだれもそのような観点で考えたこともなければ、研究など全く検討されたこともないからである。そしてそのようなテーマの一つが「先天性風疹症候群が増えている」

というメディアプロパガンダである。

基本的に全国の風疹流行は1993年を最後に認められておらず、それとともに先天性風疹症候群の発生数も非常に少なくなっていた。しかし、2012年以降、関東や関西地域を中心に風疹が流行しているとされており、2012年秋以降は先天性風疹症候群が全国で22人報告されている。2013年のデータではさらに増えて30人以上となり、特に関東圏が20人以上で東京都だけで13人になっている。先天性風疹症候群（CRS）とは、出生児に主に先天性の心疾患、難聴、白内障等の障害を起こす病気の総称である。先に挙げた障害以外にも、網膜症、肝脾種、血小板減少、糖尿病、発育遅滞、精神発達遅滞、小眼球などをきたすことがあるとされる。しかしここで重要なのが、風疹に罹らなくても風疹の証明などしなくても風疹先天症候群だと病名をつけることができることだ。以下に詳しく説明しよう。

症候群という名のあいまいさ

この図は「感染症発症動向調査」といって、国が調べたデータだが、もともと風疹先

先天性風疹症候群報告症例

1999 年 4 月〜 2011 年 8 月

診断年	都道府県	母親の感染地域*	母親の ワクチン摂取歴**	母親の妊娠中の 風疹罹患歴**
2000	大阪	国内	なし	なし
2001	宮崎	国内	不明	不明
2002	岡山	国内	不明	あり
2003	広島	国内	なし	あり
2004	岡山	国内	不明	あり
2004	東京	国内	なし	あり
2004	東京	国内	不明	あり
2004	岡山	国内	あり（母子手帖に記載）	なし
2004	東京	国内	なし	あり
2004	神奈川	国内	あり（記憶）	なし
2004	鹿児島	国内	あり（記憶）	なし
2004	熊本	国内	なし	あり
2004	大分	国内	なし	不明
2004	長野	国内	不明	あり
2005	大阪	インド	不明	あり
2005	愛知	国内	不明	あり
2009	長野	フィリピン	なし	あり
2009	愛知	愛知	あり（詳細不明）	あり
2011	群馬	ベトナム	なし	あり

*2006 年 4 月以降は「都道府県等詳細地域」も届け出がいつ用。

**報告後の問い合わせによる追加情報を含む。

2006 年 4 月に「CRS（先天性風疹症候群）典型例」の届け出に必要な用件が変更されるとともに、病型に「その他」（＝非典型例）が追加された。

感染症発生動向調査：2011 年 8 月 17 日現在

天症候群は1年に0～2人くらいしかいなかった。はっきりいってワクチンで死んだり後遺症や副反応が出る子はその何十倍も何百倍も多いが、完全なるデータは存在しない。2004年だけ9人なのだが私はこのデータは誘導があるのではと思っている。それはさておきこの表においては母親が風疹に罹ったかどうかも記載されているのだが、「風疹に罹ってない」というのが少なくとも四人いるのである。不明というのも2人いる。とすると罹ったというデータさえ怪しくみえてくるが、これがいわゆる症候群と呼ばれるもののあいまいさなのである。医学的にいえば抗原抗体反応を診て診断したふりをしている、ということになるのだが、つまり原因が風疹でなくても風疹先天症候群と診断できるのである。これほどいい加減なものはあるまい。

急激に増え続けている風疹

さて、ここで考えていただきたい。原因が風疹でなくても風疹先天症候群と診断できる体系、2012年に急にそれまでの10倍以上に増え、2013年は20倍近いといっても過言ではない。ちょっとでも真面目に社会統計などを勉強した人ならわかると思うが、インフラが破壊されたわけでもないのにこのような数字の変異を示すことなどありえない。もともと風疹は誰でもかかる病気であり身近な病気であり、みなさんが子どもだった時には親や祖父母などは、近くに行って罹ってこいとまでいったものである。もちろんそれは完全な免疫を獲得する唯一の方法だったからだ。拙著の『医学不要論』などに示してきたように、風疹や麻疹のワクチンは感染症の予防に何も寄与しない。それどころか有害な病気を増やすだけのどうしようもない生物兵器、それがワクチンである。そんな状況でなぜ２０１２年と２０１３年になって急速に増えるようになったのか、本書を読んだ上での放射能の知識を総動員して考えねばならない。

風疹と放射能障害の類似点

ここで導き出される結論は、現在の風疹先天症候群の多くは風疹が原因ではないということだ。子どもはシンプルにそう考えることができる。２０１２年から急激に状況が変わっているので、２０１１年が問題だと考えることができる。しかし科学や研究論文などに凝り固まった医学者や市民たちは、与えられた情報にしか興味がないので考えることができない。この風疹先天症候群の多くは、放射性物質と放射線の影響を受けている可能性が非常に大なのだ。発育遅滞、精神発達遅滞、心臓病、血小板減少などと、放射性物質がもともと起こす病気との類似点も考えていただきたい。

これを証明することは現状無理であり、こんなことを発信しているのは日本にも世界にも私しかいなそうだ。放射能に関してもその他の社会毒に関しても、因果関係を証明することが難しいばかりか、国家側はそれに対する真面目な研究などさらさらやるつもりはなく、隠蔽することしか頭にないからである。放射線は妊婦や新生児に影響を与えること、遺伝子に影響を与えることはもはや書くまでもないことであり、原因がなんであれ風疹先天症候群になるのであれば、２０１１年からの問題が一番の原因として考えられる。もちろんこれは絶対放射能だけの問題として説明できるわけではなく、さまざまな細胞毒や社会毒でも人体の損傷は起こり得て当然である。ちなみに『Ｊｏｕｒｎａｌ of American Medical Association』の中で、「妊婦が歯科医でX線を数回受けただけでも、X線が影響を与えて早産につながる確率が数割高くなる」と報告されている。X線検査を受けることによってダウン症のリスクが増すという研究データもある。

利権側に都合のいい風疹

さて、このように風疹だけのせいにすると、医療や原発行政の闇から考慮すればどんなことが考えられるだろう。少なくとも二つの意味で彼らにとっては都合がいい。ひとつはもちろん放射能に関連した被害を隠蔽できるという点である。もう一つは感染症やそれにまつわる病気を煽ることにより、製薬会社の作ったワクチンで医者たちが儲けることができる。もちろん政治家たちにとって彼らは重要なスポンサーであり、その意図に沿わなければ資金援助も受けられなくなってしまう。そうやってカネのため、権力のためだけに動くロボット政治家たちが暗躍する。要するにマッチポンプのシステムなのだ。このようなことに市民が気付くことは、ほぼ困難である。なぜなら少々裏の実情を知っているような人々でさえ、最後はどこかの研究や論文や御用学者の意見を拾うしかできないからだ。情報を集めるのではなく考えることができない。対立するような情報があればその整合性を付けられる人間など、今の日本にはまず存在しないといっていい。

ストレス理論

これはじつは放射能安全派によるストレス理論にもつながっている。ストレスという日本人が大変と思っているものの代表格だが、これが最大の詐欺であることに全ての日本人は気付いていない。こういえるのはこれを持ち出したのが精神医学であり心理学であり、私が薬害の原点として活動したのがそこだからに他ならないが、そうでなくてもこのストレス理論はあらゆる人々にとって、蜜以上に甘い誘惑をもたらすからこそこの理論を信じるようになる。

科学的にだけとらえればストレスとはなんであるかの定義がなされていない。何も知らない人々はそのようにあいまいなものを好むが、そのストレスがどのように評価されるかでさえ一定ではなく、そのストレスがいったいどこに作用するのかも、それぞれてんでばらばらである。たとえば放射能は大した影響を及ぼさない、かわりにストレスのほうが大変だという愚か者たちは、結局既存科学の錯覚に惑わされているだけだということを知らない。科学そのものの考え方や研究の立て方が間違いなのに、どのような科学にも正当性などない。ましてやストレスとなるとなおさらのことである。

そもそも日本人はストレスだらけの生活だそうであるが、大東亜戦争時のおじいさんやおばあさんとどちらがストレスがあるのか、誰か私に教えてほしい。ついでにいえばアフリカでもセルビアでもアフガンでもパレスチナでも、その他多くの困窮したり追いつめられたり日常的に命の危険がある場所と、この日本のどちらがストレスが多いのか、誰か私に教えてほしい。ムスリムでも東南アジアでも中南米でも日本よりストレスが多い国はたくさんある。それでも彼らは力強く生きている。こんなものはっきりいってしまえば、日本人はストレスが多いのではなくストレス耐性が弱いだけである。しかし人間は往々にして自分を被害者であるかのように装いたいものだ。

☢ 放射能ではなくストレスの問題で片付ける

結局、この定義できないものを定義した風にして、しかもそれに万人が飛びついたのは需要と供給が一致したが故に過ぎない。日本中、世界中の人間がこの理論がお金儲けとしてふさわしい理論であり、自分をかわいそうだと堕落させるのに最も有用な理論なのだ。そして自分たちにとって不都合なこの私の情報は、日本人の正当化のために更に批判、否定されるだろう。それらもすべて利権業者や優生学者の作戦の中には織り込み済みである。はっきりいえば放射能の問題などなくストレスの問題だとしてしまえば、精神科送りになって精神薬を飲まされるのがルートだろうといっているのである。

こうやって親と呼ばれる生き物たち、お金儲けしか考えない市民たちは、自分が子どもたちに犠牲を強いていることさえ気づかず、自らが行ってきた所業を反省することさえできず、そのシステムを変えようとすることさえなきまま、若いころにチャラチャラと遊びたい放題に遊んで、ボロボロの体に自分をしたうえでまるで被害者ヅラしていくのである。そして社会毒と放射性物質と己の生活たちが、このような子どもたちを生み出していることさえ、決して認めることができない。それが日本人の日本人たるゆえんだからである。今の日本人が普通の人間に戻れるのか、それはこの世界から放射性物質を含む多くの毒を排除した時にだけ、主張することが許されるものである。

Chapter 16

これからの日本の行く末

東京オリンピックがなぜ2020年なのか

放射能や原発行政、医療や食の内部被ばくの問題を考えれば、これから日本はどうなるのか心配になるのが当然である。しかしそれは実際には心配というレベルではなく、もっと大きな問題が起こるであろうというのがこれまで述べてきたことである。これもまた証明することはできない。現在の経済界、医療界、政治などの動向を鑑みたり、海外の動きなども考慮しながら予想していくしかないのが現実だ。

私は講演では「このままいくと日本は２０２０年にはない」ということをよく口にする。多くの人はそれについてハッパをかけていると勘違いしているようだが、そんなことは決してない。これを理解するには陰謀論的な観点も必要だし、世界中で行われてきた戦争ビジネスについて考慮することも必要だし、集団的自衛権や武器輸出原則解禁など、右傾化と戦争準備が進んでいることに留意することも必要だし、東京オリンピックがなぜ２０２０年であり、２０１６年も２０２０年もここまでして誘致しようとしたのかも考える必要がある。世界の人たちのほうが日本が放射能に汚染されていることをよく知っている。

戦争に参加させられる日本

ちなみに２０２０年といえば、東京オリンピックが開催されるその時に中国共産党が結党１００年を迎える。実は中国共産党は、２０２０年に日本が中国領になっている地図を教材として使っている。それによると静岡県、長野県、富山県を境にそれ以東が

『日本自治区』、愛知県、岐阜県、石川県以西が東海省と位置づけられていて、韓国と北朝鮮も南北合併されて朝鮮省と呼ばれている。これはもちろん中国の勝手な考えではあるが重要な視点である。戦争ビジネス屋や軍需産業たちにとって次のターゲットはアジアであり、一番火種を起こしやすいのはいまだ北朝鮮と韓国である。そして集団的自衛権が容認されたのちに半島戦争が起これば、日本はそれに参加することを余儀なくされる。

オリンピックの本当の意味

財閥系不動産の開発計画では2020年以降に計画されてないものが多い。東京オリンピックの先がみえないということもあるかもしれないが、日本を見捨てた中で計画を考えているというのもありうる。中国に関してはすでに多くの企業が日本に入り込んでいるだけでなく、日本の湧水があるような土地の買い占めを進めている。中国にとって水は重要な国家要素であり、日本からそれを奪うことは大きな目標であると昔から言われてきた。ご存知のように中国はチベットを始めウイグルを実効支配し、フィリピン、ベトナムなども抗争中である。つまりオリンピックは彼らにとって支配の祝いなのである（その通り彼らは公言している）。実際オリンピックは大国が占領した後の祝い事であることがある。一番身近なのはソチ五輪であるが、これはロシアの支配によるものだ。ソチでは大量の虐殺が行われた。

以前東京オリンピックが企画されていたのが１９４０年であった。しかし実際は戦争が起こり大きな地震も起こりそのオリンピックは中止された。その後大東亜戦争が終わったのちに東京オリンピックが行われたことはみなさんご存知だろうが、その日本という国は完全なるアメリカの奴隷国家であった。いま、中国とアメリカは日本を抜きにして急速に協力を深めつつあり、それでいながらお互いの利権を得るために衝突している。平和ボケした市民、傀儡の政治家たち、お金儲けのみで外資に魂を売る企業家たち、そんな国に二か国はもともと価値など認めていない。

日本が生き残るには真の自立を

日本がこの先どう進めばいいのか、私にも明確なビジョンを出すのは難しい。しかし単純な話として申し上げるのであれば、日本は中国やアメリカなどの利権や支配になど惑わされず、国家として真の意味で自立するよりほかに方法はない。そのためには市民が賢くなるより手はないし、市民がそれぞれ今の仕事やつまらない利害関係など捨てて、大局と将来を考慮して物事を選択せねばならない。原発問題はその試金石の一つであり、福島原発事故のような大事故を起こしておきながら、まだ経済や利権のことばかり考えている政治家、経済界、国民、つまりこの国など滅びてしかるべき国なのである。日本人はこの国が安定しているかのように見えて、張子の虎であり滅びる寸前であることを自覚する必要がある。そして全員が行動を起こさない限り未来はなにひとつ見えてこないであろうし、子どもたちはその影響をそのまま受けることになるだろう。

Part 4

我々、日本人の未来

次世代のために、今、やるべきこと

Chapter 17

測定器の基礎

ガイガーカウンターについて

ここからは測定や防御策など具体的なことについて説明する。まずはガイガーカウンターなどの基礎について説明するが、最初に書いておきたいのは私はガイガーカウンターを持っていないという点だ。もちろんガイガーカウンターを買うことは可能なのだがあえて持っていない。それは正確ではないガイガーカウンターがほとんどということにもよるのだが、それだけでなく次から次へと測りたくなる衝動を避けるためでもある。情報を集めていくと私が住んでいる東京の汚染はある程度把握ができるので、無理に毎日測るようなことはしていない。

測定器として一般でも買えるものとして、ガイガーカウンターやシンチレーション検出器やエアカウンターなどがある。ガイガーカウンターとは、ガイガー＝ミュラー計数管ともよばれる放射線量計測器であり、ガスを充填した筒の中心部に電極を取り付けそのパルス電流を測定する。シンチレーション検出器はシンチレータの蛍光現象を利用している。シンチレーション検出器は高価な傾向にあり、ガイガーカウンターなどは比較的安価だが精度が低いものも多い。さらに家庭用として普及しているのがエアカウンターであり、これは株式会社エステーより開発されたγ線線量率測定器である。

この本は測定器の専門本ではないので最終的には専門書を参考にしていただきたいが、まず家庭用などの測定器は誤差が非常に多いということを知っておくべきだろう。またここが重要だが、２０１１年以降に販売されている家庭用測定器の多くは、適切な校正がされていないということを知っておく必要があろう。また使う年数が多くなって来れば当然ながら正確な測定器であっても狂いやすくなってくる。放射線以外の要素を拾ってしまう測定器もある。だから家庭用測定器は目安として使うくらいが関の山であり、正確な数字を出そうと思えばおカネをある程度かけねばならない。

測定器は必ずしも絶対ではない

また人体に関する放射性物質の測定器となれば、ホールボディーカウンター（ＷＢＣ）と尿中ゲルマニウム測定器が一般的である。甲状腺のエコー検査をしている人もよく見受けられ、甲状腺がんの発見に役立つということになっているが、私は部分的に甲状腺エコー検査については注意すべきポイントがあると思っている。たとえば甲状腺の検査だとがんだけでなく嚢《のう》胞なども多いと指摘されているが、もともと我々の臓器は甲状腺だけでなく肝臓であれ腎臓であれ嚢胞が多い。拙著「医学不要論」的な考え方でいえば、その嚢胞は毒のたまり場であると同時に、体が治癒させようと闘っているサインでもある。しかし現状は嚢胞やがんに対しては西洋医学の病院に誘導されるのがオチであり、その結果ますますマッチポンプシステムを促している。これらについてしっかり考察できていない人が甲状腺エコー検査をすれば、間違いなく医療詐欺に引っかかることになるだろう。

検査に絶対というものなどなく、いろんなことと総合して考えねばならないのだが、ＷＢＣはいろんな意味で誤測定が多いことは知っておくべきだろう。放医研基準のＷＢＣ計測結果は、測定の専門家によると２００～３００Bq／Ｂｏｄｙが検出限界であり、バックグラウンド（周囲の影響と考えてもらえばよい）の補正もうまくできない。日本で良質の測定をしているとして、私が紹介されたのがＮＰＯ法人「ふくしま30年リポート」なので、許可をいただきＷＢＣによる測定値の概要を記載しておこう。「ふくしま30年リポート」は５０００人という数の測定をＷＢＣによって行ってきた。

ＷＢＣと尿中測定の差違

「ふくしま30年リポート」においては時期によっても異なるが、セシウム１３７で

286Bq／body（体内放射能量）↓147Bq／bodyへと検出の限界を細かくするよう工夫を重ねてきた。そのWBCにおいて検出率はおおよそ18〜20％になっている。ただ母集団が無作為ではないためそれを考慮する必要がある。WBCにおいては年代が高くなるほどに検出率が強まる傾向があるようで、これは私が知る限り尿中測定は傾向が異なっているように感じる。つまり尿中測定では子供のほうが検出率や測定値も高い傾向があると思われる。これは解毒機能が働いているからかもしれない。また測定値で6Bq／kg以上の人の割合は減少にあること、検出された最大値はセシウム137で24・0Bq／kg、セシウム134で19・3Bq／kgであること、セシウム137の中央期は全期でいうと5・8Bq／kgであり、6・5Bq／kg↓4・9Bq／kg↓3・5Bq／kgというふうに時期に応じて徐々に低下してきたことも示されている。また農業従事者は高い測定値である傾向があるとも報告されている。

尿中ゲルマニウム測定器

現在多くの公表されたＷＢＣの数字と、当院で委託している尿中ゲルマニウム測定器のデータにやや乖離が生じているようだ。たとえばホットスポットの柏市でＷＢＣの調査結果が公開されているが、これとも乖離している。調査結果だと測定をした３６９人の内、放射性セシウムを21人から検出したとある。これは全体比でいうと非常に少ないがＷＢＣは年齢が若いほうが検出率が低い。年代別では幼児（1歳以上入学前）の検出数が12人、と次は小学生の６人、中学生の２人という順番になっている。検出された放射性物質はセシウム１３４が４・55Bq／kgで、セシウム１３７が３・59～16・11Bq／kgである。

新宿代々木市民測定所のデータ

尿中測定でいうと、私のクリニックで検査をお願いしている新宿代々木市民測定所のデータは下記のとおりとなる。

新宿代々木の尿測定（２０１２年10月～２０１４年5月）の統計では、福島の平均値は０・１４８Bq／kg程度のようだ。このデータでは「福島県」と「福島に隣接する県」の平均値が逆転しているという。理由として市民測定所の桑野博之氏は「福島県の追加データの大部分が保養活動に参加した方で、食事に気をつけている方が多く、あまり高い数字が出なかったということ、一方、福島に隣接する県では追加データの大部分が宮城県南部で、食事にあまり気をつけていない方の中から高い数字が出て平均値が大きく上昇したのであって、そのままうのみにしてはいけない。」と述べられている。このデータでは年齢別の平均値は若年者の方が高くなっており、男性の平均値の方が女性よりも高くなっている。複数回測定した場合は初回の測定値のみ集計しており、測定依頼時の住所で都道府県を分類しているので、本来は複数のスタッフによってより深い分析がなされる必要がある。

尿中の被ばく測定とは別に個々別の様々なデータとして次のようなものが挙げられる。こちらも新宿市民測定所からいただいたものとして、そのまま掲載させていただきたい。

尿測定

平成 25 年 10 月～平成 26 年 10 月　NPO 法人新宿代々木市民測定所

測定値の地域別分布

尿に含まれる Cs-137、Bq/kg	福島県	福島県に隣接する県	東京都及び隣接する県	その他の道府県	合計（人）
0 ～ 0.040	3	4	70	15	92
0.041 ～ 0.080	15	12	74	6	107
0.081 ～ 0.120	13	4	12		29
0.121 ～ 0.160	4	5	9		18
0.161 ～ 0.200	4	3	3		10
0.201 ～ 0.240	3	2	1		6
0.241 ～ 0.280	1	1			2
0.281 ～	1	2			3
合計（人）	44	33	169	21	267
単純平均（Bq/kg）	0.112	0.124	0.053	0.034	0.070

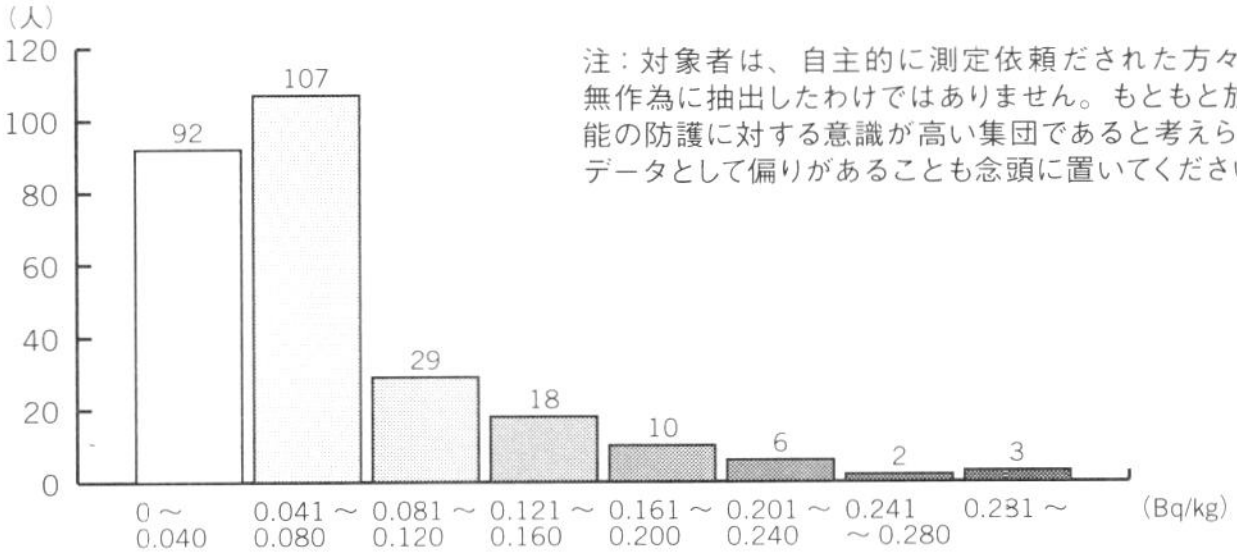

注：対象者は、自主的に測定依頼だされた方々で、無作為に抽出したわけではありません。もともと放射能の防護に対する意識が高い集団であると考えられ、データとして偏りがあることも念頭に置いてください。

年齢別分布

年齢	人数（人）	%	測定値平均（Bq/kg）
0 ～ 10	149	55.8	0.082
11 ～ 20	28	10.5	0.074
21 ～ 50	74	27.7	0.053
51 ～	14	5.2	0.038
不明	2	0.7	0.013
合計	267	100.0	0.070

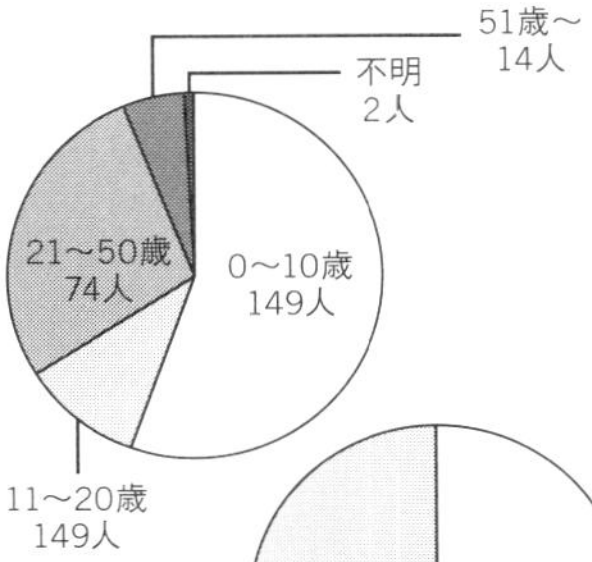

男女別分布

性別	人数（人）	%	測定値平均（Bq/kg）
男	120	44.9	0.076
女	147	55.1	0.066
合計	267	100.0	0.070

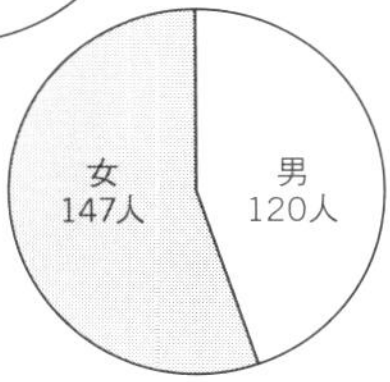

これを考察するといくつかの特徴が見えてくる。まずこのデータは２０１３年と２０１４年のデータを主としているが、まだまだ高濃度で汚染されているところがあるという現状だ。その一方で土壌などの場合、このセシウム濃度をどうとらえるかということが一つの問題点となってくる。また福島の土壌はたとえ避難区域外であってもかけ離れて高いこと、富岡町のものはダブルチェックのために市民測定所で検査した、予め高いことが予想された地域のものであることは記載しておく。ここで重要なことは地域的なホットスポットと、生活上のホットスポットの二種をしっかりと把握しておくことだ。地域上のホットスポットは福島はもちろんのこと、福島内部でも他県より低い地域もあること、宮城や茨城や千葉や埼玉や東京には部分的に福島より高いホットスポットがあることを考慮する。すべては書き切れないのでここについては自分でも調べていただきたい。ここでは字数の関係上、生活の中でのホットスポットについてふれていく。重要なのは「溜まっているところ」であるということになる。

「溜まっているところ」を避ける

具体的にあげるなら雨どい、空気が集まるダストフィルター、通気していそうなカーテン、掃除や車の空気がよく通るところ、苔付き土壌やキノコや豆や玄米など放射性物質を集めやすいところ、路肩などのたまっている土、燃やしたものの灰などがたまりやすいわけである。これらから子どもや若い女性や妊婦をなるべく遠ざけるだけでも、予防としてちゃんとした意味がある。また牛乳や人工乳についても測定されているが、出ているものにはちゃんと出ており、赤ちゃんに飲ませるものとしてふさわしくないことをきちんと考慮する必要がある。これは母乳も同じであり母体の汚染が強ければ母乳に移行するため、母親の食事や内部被ばくを気を付けることが結果的には赤ちゃんを守ることにもなる。さらにいえば数字を普通に見比べていただければ一目瞭然だが、たまっている場所よりも福島の土壌汚染は高いのである。これが福島がレベルが違うと述べている一番の理由であり、福島を今後どうしていくかこそが政治の試金石だが、この国の政府は日本人を滅ぼしたいため真逆のことをやり続けているのだ。

NPO法人新宿代々木測定所による
放射性物質（セシウム）の汚染測定比較

測定器	Cs-137 Bq/Kg	誤差	検出限界値 Bq/Kg	Cs-134 Bq/Kg	誤差	検出限界値 Bq/Kg
ゲルマ	20000	6%	150	7200	6%	120
ゲルマ	3050	9%	120	1310	10%	60
ゲルマ	100	40%	60	ND	—	50
シンチ	2722	± 27.1	32.1	1250	± 21.2	28.5
シンチ	1621	± 15.9	18.4	752	± 12.5	16.3
シンチ	1095	± 6.79	9.38	491	± 5.51	8.32
ゲルマ	29700	4%	22	9500	4%	18
ゲルマ	1270	5%	10	369	5%	8
ゲルマ	249000	6%	90	76000	7%	50
ゲルマ	3140	5%	0.028	880	23%	0.248
ゲルマ	66	7%	1.7	25	8%	1.3
シンチ	574	± 2.02	1.92	263	± 1.58	1.7
ゲルマ	39	11%	2.22	10.4	14%	1.58
シンチ	865	± 7.86	8.03	386	± 6.24	7.03
シンチ	375	± 4.37	6.33	142	± 3.8	5.67
シンチ	726	± 8.4	10.5	328	± 6.92	9.36
シンチ	487	± 3.61	3.16	217	± 2.87	2.77

ホームページからも確認できます。　www.sy-sokutei.info

測定日	検体種類	採取地 1	採取地 2	検体名他特徴
2013/10/31	ダスト	埼玉県	さいたま市	住宅用 24 時間換気口フィルター（北）クロス
2013/11/1	ダスト	埼玉県	さいたま市	住宅用 24 時間換気口フィルター（南）クロス
2014/10/7	ダスト	埼玉県	さいたま市	住宅用 24 時間換気口フィルター（南）クロス
2014/2/5	ダスト	東京都	杉並区	震災後初交換 住宅用 24 時間換気口フィルター
2014/2/4	ダスト	茨城県	常陸太田市	掃除機のゴミ
2014/3/13	ダスト	千葉県	我孫子市	掃除機のゴミ
2014/7/3	土壌	福島県	伊達市	個人宅
2014/10/7	土壌	福島県	伊達市	個人宅
2014/6/21	土壌	福島県	富岡町	クロス
2013/6/19	土壌	東京都	豊島区	路肩の土
2013/10/31	土壌	東京都	文京区	幼稚園砂場
2014/1/31	土壌	東京都	文京区	街路樹の土
2014/11/12	土壌	東京都	文京区	園庭すべり台下クロス
2014/3/31	灰	東京都	練馬区	光が丘公園内たき火
2014/10/21	灰	東京都	練馬区	光が丘公園内たき火
2014/2/21	灰	東京都	練馬区	城北中央公園内たき火
2014/11/13	灰	東京都	練馬区	城北中央公園内たき火

もう一つの自然農法と慣行農法の違いについてのデータは、微生物がどれくらい放射能を変換するのか、そういわれていることの確認のために取ったものである。これは件数が少ないのと、もともとの土壌汚染濃度が低いので、さらに検証を加える必要があるが、このデータだけを見ていると有意差があるとは言い難い（偶然でないとは考えにくい）。現状では自然農の土壌だから放射能が下がるというより、自然農で作った野菜の栄養素が豊富であることや、根が深いため自然農の野菜には放射性物質が入りにくいと推測した方が良いかもしれない。

測定法と解析の統一

さて、これを見て我々はどう考察すべきだろうか。ＷＢＣと尿中測定を見ても完全な一致点を見出すのはなかなか難しいのだが、測定法の違いがあるのでもちろん考慮しなければならない。結局のところ我々は、市民レベルで統一性を持って測定さえできていないというところが正直なところかもしれない。我々は状況証拠（甲状腺がんの数やその他の統計数字くらい）しかまだ3年たってもつかめておらず、あれだけの大事故が起こったというのに無関心の人々だらけなのが現状なのだ。ロシアの一部で政治的には捏造弾圧のレベルにあったウクライナやベラルーシでさえ、統一性を持たせるべく努力したというのに。つまり日本とは冷戦共産主義時代のソ連にさえ及ばない、最悪の統制ファシズム国家であるといえよう。

これらの数字でＷＢＣを考えると、これまで書いてきた基礎事項や数字はかなり高い数字ということがいえる。もちろんここで一つ大きな問題があり、それは記述したようにＷＢＣの正確性に関してである。検出数が低いながら数字はこれだけ高いとなると、どこかに矛盾点が生じてくると考察している。当院が委託している新宿代々木市民測定所の尿中測定器は、日本でも一、二を争うほどに高性能であるし、反核派で高名な京都大学の小出裕章氏の機械とも校正をはかったということで、さすがに狂いは少ないと思われる（もちろんそれさえも思い込みかもしれない）。しかし実際は乖離が大きいようには思われる。この原因は私にははっきりとはわからないが、どこかの機械の校正値がおかしいのか、ＷＢＣの測定値と尿中測定値は全く意味が違うととらえるのか（おそらくこちらだろう）、いずれにしろ何か理由があるのだろう。ここでもそれぞれの測定所や市民団体が、密にコミュニケーションをとりきれていないという弊害があるかもしれない。

尿中では0・1以下が理想

福島30年プロジェクトのＷＢＣでは検出限界は１４７Bq／Ｂｏｄｙであり、測定２０３人中不検出が83・６％となっている。新宿代々木の尿測定（２０１２年10月～２０１４年５月）の統計で、福島の平均値は０・１４８Bq／kgということで、これをＩＣＲＰの式に当てはめると成人で42Bq／Ｂｏｄｙになるとのこと。これはそれほど大きな乖離ではないかもしれないと市民測定所の桑野氏は述べる。仮にＷＢＣで検出になる大人の場合は尿の測定値０・５Bq／kgくらいの計算になるとのことで、この辺りの整合性と内部被ばくへの意識がない人でどれくらいの数字になるのかが一つのカギだ。ただこれは私個人の印象論だが、福島で現在WBCで検出される人が、150Bq／Body（検出ライン）だったとして尿で0・5Bq／Bodyもでるとだろうか？という印象論はぬぐえないでいる。さらに個人的な印象でいえば、尿測定で0・2を超えるくらいから病気のリスクはかなり増えるのではと推測している。とすれば目標はそれ以下だが、日本の様々な毒の現実を考えれば、せめて0・1Bq／kg以下の尿中セシウム量にはしたいと私は考えている。

某ウクライナ製WBCの精度について

WBCについて書いておくなら、東京都内でも平均が300Bq／body近いなどとする情報源もあるが、これは残念ながら誇張もしくは測定ミスだと考えて致し方ないかもしれない。WBCと尿中測定の乖離の問題点はずっと私が疑問に思っていたのだが、その答えかもしれない一つはネット内にも流布しているのでそのまま転載しておく。文筆は小出裕章氏が実名で記載している。ただ使用しているクリニックについてはこの著書では伏字にさせていただく。このＷＢＣは内部にガイガーカウンターを装備しており、ＢＧ（バックグラウンド数値＝測定する場所の空間線量）も補正できるということで正確性が強いといわれている。しかし実際はピークのとり方に嘘があると小出氏は指摘している。

2014年9月2日

「〇〇で行われているホールボディカウンタでの測定について」

京都大学原子炉実験所　小出　裕章

表記の件について、私が知ったのは、2014年4月12日（土）、東京池袋の立教大学で日本生物地理学会のシンポジウムに出席した時だった。会場に、その測定を実施している関係者の方が来て、私にも声をかけてくださった。福島第一原子力発電所の事故によって東北地方、関東地方の広範な地域が放射性物質で汚染されており、その実態を把握し、被害者の被ばくを少しでも減らしたいと私も思ってきた。たくさんの方々がそのために活動してくださってきたし、今でもしてくださっている。そうした活動の一環としてありがたい活動だと私は思った。

その1週間後、4月20日（日）には、代々木のオリンピックセンターで、日本旅行医学会の公開講座があり、それに出席した。その時、若い女性から声を掛けられ、食べ物には十分に注意を払ってきたのだが、○○での測定で、三百数十Bqのセシウムが検出されたと聞かされた。私は椅子型ホールボディカウンタを知っていたし、その種の測定器でその程度のセシウムを検出することは大変困難だと思っていた。そのため、その時には、たぶん測定が間違っていると私は思うと答えた。それでは、○○で測定を続けている方々に対して失礼になると思い、翌日、○○で行っている測定についての問い合わせを行った。

6月の下旬になってようやく、使用しているウクライナ製ホールボディカウンタの性能表や、測定場所のバックグラウンドスペクトル※、被験者のスペクトル、そして測定結果などが送られてきた。しかし、そのスペクトルを見た限り、少なくとも低レベルの被験者のスペクトルの場合には、400チャンネル付近に現れる

※スペクトル…電磁波が波長ごとに移り変わる様子のこと。またその色が並んでいる様子。

はずのセシウム（Cs－137の662keVエレクトロンボルト）のピークは存在しておらず、370チャンネル付近に大きなピークがあった。そのことでまたやり取りをし、測定器を提供しているウクライナの会社の代理店の人から、私が指摘した通り、「370チャンネルにピークがありますが、Cs－137のものではありません」さらに、そのピークはこれまた私が指摘した通り、「370チャンネル付近のピークは610keVのBi（ビスマス）－214など、原発事故と密接な関係がない核種によるものです」という回答であった。そして、「Cs－137の位置をスペクトルの中で確認できるように、Cs－137は400チャンネルの位置にあります」と回答された。たしかにCs－137線源を用いた測定でのスペクトルには紛れもなく400チャンネル付近にCs－137の明瞭なピークがあるし、体内セシウム保有量の多い被験者のスペクトルには、370チャンネル付近の大きなピークの肩400チャンネル辺りに小さなふくらみが見えないわけでもない。代理店担当者の回答によれば、「Cs－137の数値は、400チャンネル周辺で計算され数値化されております。遮蔽係数、体重などから自動的に計算された数値が表示されております」とのことであった。被験者の体内に存在するCs－

137を定量するためには、被験者の測定スペクトルからバックグラウンドスペクトルを減算しなければならず、問題は、この「自動的に計算された数値」にある。ところが、この減算の仕方については〇〇の人たちは知らないとのことであるし、業者も教えてくれないのだという。

私は長い間科学に携わり、放射線測定も行ってきたが、計算方法も分からないで導き出された業者の解析結果を信用することなど、もともとしてはいけない。その旨も〇〇の方に伝えた。彼らは、他のホールボディカウンタのどのメーカーも解析の詳細を教えないのだから、自分たちの所も、それでよく、自分たちはウクライナでの実績を信用しているとの立場であった。しかし、特に、今回の測定は生身の被験者が関わっていることで、自分で解析方法が分からないような結果を被験者に渡すこと自体が私から見れば論外である。自分で解析しないのであれば、せめて自分で納得できるまでとことん業者から説明を受けるべきだと思う。その上、〇〇での測定結果は「体内量」が何Bqという値だけが表示される。放射線測定は統計現象を扱っており、必ずばらつきがあるので、測定値に標準偏差をつけることは必須である。残念ながら〇〇での測定にはそれもない。被験者のスペクトルからバックグラウンドスペクトルの減算処理などすれば、仮に400チャンネル付近にピークが現れるとしてもばらつきが大きすぎて有意にならないはずだと私は思う。いったいどのように統計処理をしているのか、それこそが大切なことである。そのため、私は○○の方からのご質問に答えて、もし測定値が誤っていないというのであれば、「これまでに得られたデータを責任のある人（測定器と解析プログラムを提供したウクライナの会社）に送り、バックグラウンドの減算などが正しく行われ、結果に自信があるかどうか聞いてください」と依頼した。しかし、それへの回答は得られなかった。

私は○○で測定を続けてきた人たちの意図をありがたく思っているし、彼らの足を引っ張りたくない。また、原子力推進派に対して圧倒的に弱い住民側の亀裂を深めることもしたくない。そのためには、○○の方々自身から、これまでの測定について信頼性に欠けている旨の表明をすべきだと、私は彼らにたびたび伝えてきたが、残念ながら受け入れてもらえなかった。

この文書を書かずに済むことを願っていたが、結果を聞かされて不安の中にいる方々がおり、私も複数の方からすでに問い合わせを受けた。不安の中にいる人をいつまでも放置することは正しくないと思うので、やむなく、私の見解をここに記す。

ということである。

私はＷＢＣを否定しているわけではないが、このずれはいったいどこにあるのか整合性を付けるよう努力せねばならない。さらに重要なことはＷＢＣがいいとか悪いとか、尿中測定がいいとか悪いとかそんなレベルではなく、小市民がいちいち小さいことで言い争っている暇などないということを自覚することである。またどのような機械であろうとしょせん機械であり、使う人間によってそれらの価値は変わってくるということを肝に銘じなければならない。

Chapter

18

放射能の具体的解毒法1 基本編

汚染食材を摂取しない

ここまで簡単ではあるが福島の現状、日本の汚染状況、政治家や経済界の動向、医療に関係した話題なども取り上げてきた。当たり前のことだが、これらの情報は非常に暗いものである、精神的にもプレッシャーをかけるものであるだろう。しかし残念ながらこの世界の問題は、必ず現実を直視し自分を底辺に落とし込んだうえで、さらに対処のためどうしていくかを考えなければ必ず解決しない。それは小さいものでもそうなのだが、どんなに大きくても原則は変わらない。

市民が放射能や原発行政について知った時、

まず最初に考えるのは自分や家族の健康や病気についてであろう。それ自体は否定しないし当然のことである。しかし前述したように状況についてしっかり把握してから、対策を立てることが重要であり、そこをはしょってしまうと有効なようで有効でない手立てを打つことにもなりかねない。

現在の被ばく状況は、尿検査やＷＢＣや甲状腺の検査で知ることはできる。しかしこれも安易に受けるのは禁物であり、なぜならすぐに医療誘導されてしまう可能性があるからだ。私は『医学不要論』などという著書を書いているような人間でもあるので、たとえば甲状腺がんがあったとしても安易に切除するのは大反対である。それは転移性の末期がんでもこの世界では種々の治せる方法があるのともつながっているが、原因に対して完全に対応しない限り根治など求めようもないこととつながっている。

まず大事なことは内部被ばくであり低線量でもリスクは増えるのだから、汚染食材を摂取しないのが一番である。食料基準の１００Bq／kgだがこれは高すぎて話にならない。また保養なども意味があり、外部被ばくも内部被ばくもしないところに一時的に移動するだけでも、人体は放射能を排出するからその影響は軽減される。ホットスポットを避ける努力をすることも重要だし、これは思わぬところがホットスポットのこともある。よく言われているのが雨どいなどだが、掃除機や車のフィルターや冷房などはたまりやすいことがわかっている。ガレキ拡散焼却も問題であり閉じ込め政策の真逆なので、これは止めねばならないが日本人は無関心の極みとなっている。本来阪神淡路大震災の時のがれきが約2000万トンであり、その瓦礫焼却はすべて兵庫県でまかなうことができた。一方東日本大震災のがれきは岩手、宮城、福島三県で約2500万トンといわれているが、これは徹底的に拡散され、地域政治家でも福島や東北だけに処理を委ねたほうが雇用も確保できるのに、それは達成できなかった旨発言する人も多い。放射能を拡散することなく、安全な食材をほかで生産しながら被災地域は内部被ばく指導、解毒と真の除染、補償などを効率よく行うことこそ日本にとって重要なのだ。

内部被ばくに警戒する

都内の汚染状況については地図も出したが、たとえば2014年現在、日本国内は

０・０２～０・０５μSv／h程度、都内でも０・０５～０・０９μSv／h程度の線量が多い。いくら垂れ流されているといっても２０１１年とは比べ物にならないので、線量自体は原発事故直後より間違いなく低下している。それぞれの放射性物質の半減期などもあるし、雨などを通して海に流れてしまっている面もある。３年以上たって雨で流された部分も多く、放射性物質がたまって非常に高線量になっているところがある一方、全体としては薄くなってきているのが現状だ（17章も参考にされたい）。土壌に沈降していくような放射性物質もあるし、微生物などに取り込まれて変換される核種もあるかもしれないということだろう。だから情報も集めずテンパってだけいても問題は解決しないし、放射性物質だけ恐れすぎることは問題なのだ。外部被ばくよりも内部被ばく、これが放射能について調べている人々にはほぼ共通しているコンセンサスである。

もし取り込んでしまったら

ホットパーティクルや気道侵入の問題を考えれば、比較的高線量地域であればマスクしたほうがよいかもしれない。また降り始めの雨は特に線量が高いのは常識的に言われており、雨の降り始めは建物内にいて関東の人たちはきちんと傘を使ったほうがいい。ただこれだけでは取り込まない防御というだけであり、不安だと思う人はたくさんいるであろう。そこで私としてもよく強調しているのが解毒である。これは様々なものがあり根拠がある程度あるものもあればあまりないものもあるし、個人レベルでは確立しているものもあれば、すべての根拠は統計的には十分といえない時もある。最終的にこれらの責任は、大規模な研究をしない国家や医療者たちに委ねられるのかもしれない。

一番有名で普遍的な解毒食事法が秋月辰一郎医師が提唱したものである。彼は長崎の病院で自分自身も原爆に被ばくした時、食事療法を実践し伝えた方だ。その内容は「食塩、ナトリウムイオンは造血細胞に賦活力を与えるもの、砂糖は造血細胞毒素。玄米飯に塩をつけて握るんだ。からい濃いみそ汁を毎日食べるんだ。砂糖は絶対いかんぞ！砂糖は血液を破壊するぞ！」ということである。

また彼はこうも述べている。

「私は極めて虚弱体質であり、１８００メートルの距離で原子爆弾を受けた。被ばくの廃墟の死の灰の上で、その日以来生活したのである。その人々がもちろん疲労や症状はあったが元気に来る日も来る日も人々のために立ち働き、誰もこのために死なず、重い原爆症が出現しなかったのは、食塩ミネラル治療法のおかげであった。学会ではたとえ認められなくても。」

玄米

彼は医大の放射線教室で助手をしていたらしく、対策については科学的な根拠があった。チェルノブイリ原発事故のときに秋月医師の手記が英訳された事で、ヨーロッパに味噌がたくさん輸入されて売れたという逸話もある。これは現代科学でも十分通じる理屈であるが、たとえば塩といっても精製塩だとその意味はなくなってしまう。ミネラルの学問や栄養学に照らし合わせれば、放射性物質は同じミネラルであるとも表現できるので、これらの食事法によりミネラルと発酵食品微生物をとることで防ぐことができるのだ。また玄米もそれ自体に解毒作用があることが知られており、たとえばフィチンやフィチン酸、γアミノ酪酸（GABA）、活性酸素除去効果のあるフェルラ酸、食物繊維、イノシトール、γオリザノールなど種々の有効成分があり、解毒作用を発揮する。

さらにアルカリ性食品で白米と違い栄養素も豊富であるといえるので、放射能が気になる地域の方は玄米にしたほうがよい。ただし玄米には注意点があり、栽培の段階でいいミネラルも悪いミネラルも吸い取るため、土壌汚染の強い地域の玄米は逆に汚染されていることになりかねない。よって産地や育て方について検討することが重要であり、ぜひそのような玄米を探していただきたく思う。

味噌・ゴマ・その他

味噌も同様である。大豆を使った食品としては味噌、醤油、納豆、豆腐、テンペなどいくつも種類があるが、これらは良質の塩を使っていることと発酵しているからこそ意味がある。スーパーの味噌はその意味において本当の味噌とはとても呼べないものである。

違ういい方をすれば「解毒できない味噌の代名詞は〝減塩〟みそである」、ということが言える。減塩にすると、腐敗してしまうために防腐剤を添加している。また、減塩による味の低下をカバーするために、pH調整剤や化学調味料、香料や着色料などが加えられ添加物まみれなのである。味噌に含まれる菌は微生物として放射能の解毒に作用する。これは様々な菌がそのような効果を持っていることが知られ、有名なのはＥＭ菌だが私はその菌にこだわる必要はないと思う。また本当に良質の乳酸菌にも放射能の解毒作用があることが言われている。

ゴマ塩も放射能から体を守るために有効な食材の一つである。ゴマはミネラルの含有率が高く、ゴマ塩以外にも活用するといいだろう。また東城百合子氏などが提唱する自然療法では、梅の黒焼きや梅肉エキスが同様にミネラルが多く発酵食品であることから、解毒効果があることを述べているが、これもまた活用してよいだろう。

Chapter
19

放射能の具体的解毒法２
応用編

毒とは？

ここでは解毒についてもう一歩踏み込んで書いてみよう。まず毒とは何かを定義する必要があるが、現代においてはそのほとんどが化学物質であり社会毒であるととらえればよい。つまり医学の薬、農薬、食品添加物、着色料、建築用溶剤、空気中の汚染物質、その他多くのものが人体にとって有害であり毒であり、これらが増えるにしたがって歴史的には現代病が激増してきた。それらの大半は石油精製品であり石油産業と密接に関係している。これがいわゆる脂溶性毒物である。その毒を抜くためには基本的に人体の排出力と解毒能力を考慮に入れなければならない。これらの毒はほとんどが脂溶性だから脂肪内や神経内や脳内、さらにいうと細胞膜などに入り込んでくる。

これに対して重金属や放射性物質などはミネラルに属する。つまり脂溶性毒物ではないのだがもちろん脂肪の中に入り込むことはある。大きく社会毒で考えるとこの二つに分けられる。もちろん砂糖そのものは猛毒であり牛乳そのものも猛毒である。それらは相互の毒性を強化して悪影響を及ぼすので、社会毒や砂糖や牛乳を避けることはちゃんと放射性物質対策にもつながっている。人体生理や生命科学から考えれば、それらを別々に扱わないことこそ重要なのだ。

当院の解毒治療

私のクリニックでは栄養療法（ミネラルやサプリなどを使うもの）と低温サウナを使って解毒する。その他にもいくつか商品を置いてあるがそれについては後述する。本来サプリの栄養療法も完全な自然とはいえないが、注意してもらいたいのはたとえばサウナなどで毒の排出を促した場合、悪い毒だけ出ていくという都合の良いものではないということだ。脂溶性毒物は脂肪の燃焼と排泄が重要であり、これはサウナであってもほかであっても寄与する。ミネラルの毒物はミネラルとして汗から出てくるが、これは必須ミネラルも放射性物質も同時に出てくるのだ。よってサウナに入るだけだと放射性物質は確かに減弱するが、体の中は栄養素が足りない状態となってしまう。またミネラル不足になると、カリウムやカルシウムに間違えられるセシウムやストロンチウムが入ってきやすくなる。よってサウナなどで汗を出した後に、良いミネラルやきれいな油を多く補充することが重要である。もちろんここでいうきれいな油とは見た目のことではない（詳細は他書で勉強いただきたい）。

さて、前述以外に具体的に項目として出してみると以下のようなものがある。繰り返すがこれらは福島が爆発してから国家的なレベルで検討されたことは少なく、科学的根拠に乏しいという問題点がある。しかし可能性があるものやチェルノブイリで検討されたものに、いくつか方法論があるのでそれを紹介したい。またアメリカ軍の研究なども参照したい。また紹介したものの中にはネットワークビジネスの商品に含まれるものもあるので、ネットワークビジネスの問題を理解した中で使うなら使って頂きたい。そしてネットワークビジネスの諸問題については、私は責任は取りかねるとしかここでは書

◆微生物の摂取（＝発酵食品の摂取）
◆ＥＭ菌の利用
◆乳酸菌の利用
◆ケイ素の摂取
◆リンゴペクチン
◆活性炭による除去（キッズカーボンなど）
◆スピルリナ
◆ブルーグリーンアルジー―

◆アロエベラ
◆スギナ茶
◆五井野プロシージャー―
◆塩風呂
◆重曹風呂
◆低温サウナ
◆酵素風呂
◆鉱石岩盤浴

けない。
このほかにもいくつかあるかもしれないが、当院では完全自然農の味噌、醤油、麹、ごま塩、玄米（古来種）、ケイ素、ブルーグリーンアルジー―やアロエベラ、キッズカーボン、低温サウナなどを取り扱っている。

順に簡単に説明していこう。すべての論拠を説明しきれないので、キーワードして利用してもらい、ネットなどで自分で調べてもらうことも忘れないようにしていただきたい。

■発酵食品の摂取

まず微生物の摂取（＝発酵食品の摂取）だが、味噌については説明したし、ほかの日本の発酵食品も同様の考え方が成立するので、うまく料理に使っていただきたい。その際すでに強調したがスーパーのまがい物の発酵食品はむしろ有害なくらいなので、本物を選ぶ努力をしていただきたい。ＥＭ菌（有用微生物群）についてはチェルノブイリでも有名になった。乳酸菌の利用については飯山一郎氏などが有名だが、米の研ぎ汁から作る乳酸菌発酵豆乳ヨーグルトを推奨している。あとビール酵母なども外部被ばくに効果があるという論文があり報告されている。この効果は活性酸素の除去が関係していると推測されている。

■ケイ素とシリカ

ケイ素は非常に興味深いミネラルである。シリカというのは二酸化ケイ素もしくはそこから誘導される物質の総称で、ケイ素補給のためのミネラル剤として市販されている。ドイツのアドルフ・ブテナント氏がシリカが生命に重要な要素であることを提唱し、生命元素の起源といえば炭素とケイ素ということになる。シリカはコラーゲンを束ねて結合組織を増強し、コラーゲンの再生を促す。毛髪やつめにも豊富に含まれておりアンチエイジングにも役立つ。シリカは本来昆布やハマグリ、ゴマ、パセリ、玄米、大豆などに多く含まれているが、現在は産地を選ばなければ汚染食材の可能性もある。逆説的にいえばやはりこれらは健康食材だったというい方もできなくない。そしてケイ素材の摂取は放射能を減弱すると指摘されている。これは科学的には全く未解明で業者に聞いても同じことが言われる。しかし個々の事例を聞いていると、シリカの摂取をした人で、尿中被ばくのセシウム濃度が激減したという話を聞いている。実は私の娘もこのシリカ(ともう一つはキッズカーボン)を放射能防御のために使用したが、3カ月で6分の1以下に激減し非常に助かったことがある。ぜひ大規模な研究が組まれればよいと思うが、もちろんこの国はそんな研究には毛頭興味がない。

■スギナ茶

スギナ茶はケイ素の摂取に近い考え方があるが、それだけでなくミネラルバランスにとんだ解毒剤とも表現できる。ただしこれも汚染土壌があるとスギナがかなり汚染されるので産地が重要である。いわゆる農家の雑草の一つであり嫌われているが、自然界にいらないものなど存在しないという見本かもしれない。薬用としては茎や葉を用い日干しにして作成する。主要成分としてはケイ酸、カルシウム、マグネシウム、カリウム、ナトリウム、鉄分、亜鉛、マンがん、銅など多くのミネラルを含み、またビタミンも豊富でサポニン類も豊富なほか、葉緑素も含まれており効果が期待できる。風呂に入れたり食べる人もいるそうである。

■リンゴペクチン

リンゴペクチンはよく言われる解毒食品の一つなのだが、昨今は糖度の問題や農薬や肥料の問題があるので、私としてはいまいち推奨していないところがある。25％～40％のセシウムを排出すると言われている。ワシーリー・ネステレンコ氏とアレクセイ・ネステレンコ氏の論文が有名である。

■活性炭

活性炭による除去は解毒というより腸内からの除去が主目的である。代表的な商品はキッズカーボンになるが、私の知らないほかの商品も存在するかもしれない。キッズカーボン自体は特許もとっている製品であり、放射性物質や添加物や農薬などを吸着して、便と一緒に外に出してくれる効果がある。

■スピルリナ、ブルーグリーンアルジー

スピルリナはチェルノブイリ事故や中国モンゴルでの核実験後に使われた記録がある。ただ当院ではスピルリナより強力成分として、ブルーグリーンアルジーを使用している。ブルーグリーンアルジーとは藍藻類の一種であり、35億年前に誕生しミトコンドリアの起源や葉緑体の起源を含有している。産地はアメリカのクラマス湖であり回収されて商品化されている。ＢＧＡ（ブルーグリーンアルジー）の注目されている理由はＯＲＡＣ（活性酸素吸収能力）が非常に高いということである。ペロキシルラジカルに対する抗酸化力はＢＧＡがあらゆる食品の中でトップという研究データもある。またフィコシアニンと呼ばれる発がん抑制物質も含まれており、スピルリナと比べてもフェニルエチルアミンが含まれていないこと、オメガ３が多いこと、多糖類が多いことなどで違いがある。よってスピルリナよりさらに防御効果が期待できる。

■アロエベラ

アロエベラは海外では古くから薬草として利用されてきたが、放射能対策にもなると

いうことがわかってきている。日本はキダチアロエが自生しているが、これは塗るのは良くても苦くて飲めないので、当院ではアロエベラなどを使っている。1950年代に放射線でやけどをしたウサギにアロエを塗りこんだ実験で、ケロイド化したやけどが修復されたという実験があるようだ。ほかにもアロエベラ博士と呼ばれる八木博士にお会いしたことがあるが、アロエベラと放射線に対する毒性について論文を書いたと述べられていた。科学的にも放射線防御に働く栄養素を多分に含んでいるのは確かである。第五福竜丸が被ばくしたときにもアロエベラが使われたそうである。

■五井野プロシジャー

五井野プロシジャー（GOP）は五井野正博士が発明した自然薬である。チェルノブイリで治療した逸話は有名であり、ウクライナでは番組も作られ英雄視されている。特許にかかわる問題があるので販売などはできないが、作り方としてはマンネンタケとトチバニンジンとカワラタケを6：3：1で煎じて薬にする。ちなみに黒霊芝でないと効果はなく、赤霊芝自体には薬草としての意味はあるものの、GOPの場合は黒霊芝であることが重要らしい。

■塩風呂、重曹風呂

重曹と天然塩のデトックス風呂は米軍のロス・アラモス研究所が、放射性物質対策として効果を認めた方法である。

■低温サウナ、酵素風呂、鉱石岩盤浴

低温サウナは汗の排出、脂肪の燃焼、血流促進、免疫力の向上などをもたらす手法である。特にサウナで特筆すべきは皆さんご存知「汗」であり、低温サウナの汗は脂溶性毒だけでなくミネラルや放射性物質なども排出していく。低温サウナの汗は、例えばヘロイン中毒者の場合、汗からヘロインが出てくることも科学的に確認されている。また低音サウナの利点は長く入れること、出たり入ったりしながらであれば数時間でも入れることであり、強力な解毒効果をもたらす。ただ日常的なレベルであれば、解毒は低温サウナでないといけないわけではない。完全に比べることはできないが解毒力であれば、

長時間の低温サウナに勝るものはあるまい。しかし陶板浴、エステカプセル、酵素風呂、砂風呂その他でも代用はできるし、子どもや老人は低温サウナなどに長時間は入りにくいし、低温サウナでも苦手な人もいるだろうから、そこは上手く他のものを利用してほしい。近くで定期的に通えるということも重要だと私は思っている。

■安全な天然由来のビタミンC

２０１０年３月に防衛医科大学より論文が発表され、放射線障害に対し事前にビタミンCを摂取することが有効であるとしている。これも活性酸素対策として効果があるということだろう。

■多くの薬草やハーブなど

多くの薬草などに放射能防護作用があるといわれている。ミネラルが豊富で活性酸素に対する防御効果を持っているからだろう。有名なものとしてはカッコウアザミ、アマランサス、ターメリック、エゾウコギ、ペパーミント、朝鮮人参、ショウガなどがあるが、はっきりいって無数にあり紹介はしきれない。

私が印象として効果が強いと思っているものは、発酵食品の摂取とケイ素と低温サウナなどの発汗解毒療法である。五位野プロシジャーはチェルノブイリを見ても効果は高いと思われるが、特許があり販売などが難しいだけでなく治療目的が主と考えているため、放射能に関する疾患に陥った時に検討すべきかと思っている。このあたりは各自参考にしていただきたい。

Chapter 20

本当の除染技術

科学的根拠が乏しい理由

18、19章において解毒についての内容を書いてきたが、これは個人レベルの問題だけではなく考える必要がある。個人のレベルであればそれは「解毒」という言葉になるが、社会のレベルであればそれは「除染」ということになる。しかし残念ながら現在の日本で行われている除染とは除染ではなく「移染」であり、水洗いであるにすぎず、それこそまさに拡散政策であるともいえる。ここではこの世界から放射性物質を本当になくす、もしくは元素を転換させたり無毒化する方法はないのか、いくつかの方法を紹介していきたい。もちろんそれらはまだ大規模な研究がなされていないものである。つまり科学的根拠が乏しいわけだがそれで結論を付けてはいけない。科学的根拠が乏しい理由、それは国家や原子力ムラや御用学者や御用団体たちが、徹底的なまでにそのことを妨害してきたからに他ならない。私はある内部研究者の勉強会に参加させてもらったことがあるが、日本国が本気になれば汚染水や土壌汚染の多くは、原発研究のスペシャリストからみても解決可能とおっしゃっていた（五兆円程度あればほぼすべて解決できると断言した）。これらについてしっかりした研究がなされるためには、結局市民が目を覚ますしかないのであり、さらにいえば原発行政や東電や政府自体を解体するしか方法はないのである。

意味のない除染

書いたように現在の除染＝移染というのは、何の意味もない東電とゼネコンのさらなるスキマ産業と断じて差し支えない。ウクライナではそのような移染行為は固く禁じられているが、日本ではがれきを請け負ってあげればいいなどと都合よく愛国心を利用し、絆などという嘘を吐き続ける。このような偽善者や偽政治家には、心の底から吐き気がする。そもそも絆という言葉は犬や馬をつないでおく綱という意味であり、この言葉を福島原発事故の後になぜここまで使われるようになったのか考えねばならない。絆という言葉は本当の意味で人と人とのつながりを表す言葉ではないのだ。

☢ 騙されないようにするには

さて、科学や医学や食に関する問題の場合、ほとんどの構図はすべて同じである。つまりそれは……、

「よくないものを良いとか安全だといって勧める」

しかし

「それは実は猛毒であることが多い」

さらに

「表面的なデータや部分的なデータでごまかす」

そしてさらに
「バカな科学者や医師や薬剤師を取り込んで洗脳する」
またまたさらに
「科学者に権威を持たせ、本当という嘘を言わせる」
それでもなお
「他の部分に影響があったとしても、多重因子でごまかす」
「最終的にそれが広まれば、業界が儲けることができる」

という構図である。これは放射能の構図とも大差ない。市民はこの構図の嘘に気付かねばならないし、素人の目線や動物的本能も重要である。愚かな科学信者が教科書だけひっぱり出してきて何かをいったところで、それには何の意味もないことがほとんどである。真の学者たちは、そのほとんどが教科書にはそわない理論、教科書にはそわない治療、背景を理解した知識を持っている。そしてそれによって真の結果を残すし、何よりも科学が無力であることを知っている。まず権威によってだけ確立された、「愚かな人類の知恵」を捨てなければならないし、その考えの中で真の「除染」を目指さなければ、日本はますます汚染された国と化すであろう。

元素変換という処理方法

除染に使えそうな方法はいくつも存在しており紹介しきるのは難しい。たとえば三菱重工業でさえも、重水素を使い元素の種類を変える技術を開発している。これは公式にも報道されており、セシウムは元素番号が４つ多いプラセオジウムに変わる、ストロンチウムはモリブデンに、カルシウムはチタン、タングステンは白金に変わることなどを実験で確認している。これは大阪大学の高橋教授のグループ、静岡大学のグループ、イタリアの核物理研フラスカティのＤｒ．ＣｅｌａｎｉのグループもV確認しているそうだ。これらは放射性セシウムやストロンチウムを、無害な非放射性元素に変換する放射性廃棄物の無害化処理に役立つと期待されているが、現実的にこの国の政府はこの技術を進めようという気はさらさらない状況である。

2000年の12月にはロス・アラモス研究所と日本原子力研究所の共同研究で、国際熱核融合実験炉（ITER）と同じ規模の室内（3000㎥）に漏洩したトリチウムを除去する試験に成功したと報道されている。つまりすでにトリチウムを除去する技術は確立されているが、やはり政府や経済界は認めることもなければ実践することもない。なぜなら彼らは日本のためにはビタ一文働く気がないからであり、そのことはすでに述べてきたとおりである。

EM菌の効果

チェルノブイリでも報告された放射能に対する元素転換の方法がEM菌によるものだ。EM菌とは乳酸菌、酵母、光合成細菌を主体とした混合の微生物と考えればよい。EM菌といえば有名人が比嘉照夫教授であり、チェルノブイリ時と福島原発事故後の除染についても、EM菌の効果を報告している。また一般レベルでも除染に関する報告が寄せられているようだ。またこの時に北海道でベラルーシの子供達を受け入れ、ＥＭ菌の放射能対策に協力したのが、「チェルノブイリへのかけはし」代表の野呂美加氏である。ＥＭ菌の効果などは97年に沖縄でのＥＭ医学国際会議で発表されている。ＥＭ栽培農家の農産物は、土壌が１０００～３０００Bq（土壌１kg当り）の汚染レベルであっても、すべて検出限界以下にまで下がるという報告もある。

このような菌による除染の場合、完全に科学的根拠を示すことはまだまだできないのが現状である。逆のデータとしては当方が測定したものとして、自然農家の土と慣行農法の土の放射能レベルは何も変わりはなかったというものがある。次頁はそのデータだがもちろん数字が低いので差が出ないかもという考えは成立する。ここは慎重に考えねばならないが、だからといってほかのデータを否定するのもまた、科学信仰のなれの果てだということを考慮せねばならない。事実として下がっているものがあるのだとすれば、より研究を進めればいいことなのだが、利権側の問題としては科学を盾にしてその研究を邪魔しているのが実情なのだ。

他にも、※一般財団法人テネモス国際環境研究会も除染に効果がある方法を公開している。これは特許もとられているということで（特許第３４４６１７８号）、より深く研究していただきたいが、やはりこれが実践されていくことは難しい。

※自然のメカニズムを取り入れ、汚染土の浄化や大気汚染の防止など、フリーエネルギーなどの研究をしている公共事業法人。

ブラウンガス

ブラウンガスと呼ばれるものも存在する。これはユル・ブラウン氏によって発明され、中国とアメリカが研究してきた気体である。

Cs-137 kg/Bq（誤差・下限値）	Cs-134 kg/Bq（誤差・下限値）	Cs-134 kg/Bq（誤差・下限値）
検出 48　± 15%（5）	検出 9.2　± 25%（6）	検出 9.2　± 25%（6）
検出 42　± 16%（5）	検出 10.0　± 24%（5）	検出 10.0　± 24%（5）
検出 48　± 13%（4）	検出 12.2　± 19%（4）	検出 12.2　± 19%（4）
検出 43　± 13%（4）	検出 14.0　± 16%（3）	検出 14.0　± 16%（3）
検出 15　± 21%（2.9）	検出 4.4　± 30%（2.5）	検出 4.4　± 30%（2.5）
検出 16　± 20%（2.7）	検出 4.2　± 29%（2.5）	検出 4.2　± 29%（2.5）
検出 306　± 6%（5）	検出 94　± 6%（4）	検出 94　± 6%（4）
検出 67　± 11%（4）	検出 21.5　± 13%（3）	検出 21.5　± 13%（3）

これを使うことで放射性物質の元素転換もしくは中和がもたらされるとの報告があり、ある放射性物質は1万6千キュリーの放射能が100キュリーに減少したとされる。水素と酸素を水と同じ割合、水素2対水1の割合で混合してブラウンガスは作られる。ブラウンガスは炎の温度は280℃と低いのだが、タングステンなども溶かしてしまう（融点3480℃）。これ自体は普通に存在する気体だが、単純にいえば熱力学の法則はあてはまらない。つまり我々が使っている物理学というのは、まだ初歩中の初歩なのだということを考えなければならない。

日本ではこのブラウンガスと類似の気体と

栽培方法による放射能（β線）汚染度測定比較実験結果

測定日	土壌採取地	栽培方法	採取日
2014/8/25	神奈川県相模原市	自然	8/7
2014/8/25	神奈川県相模原市	慣行	8/7
2014/8/26	千葉県富里市	自然	8/19
2014/8/26	千葉県富里市	慣行	8/19
2014/9/26	埼玉県本庄市	有機	9/17
2014/9/26	埼玉県本庄市	慣行	9/17
2014/9/26	茨城県牛久市	自然	9/23
2014/9/26	茨城県牛久市	慣行	9/23

して、「オオマサガス」が開発されている。日本テクノのオオマサガス発生装置に東電の放射能汚染水を入れて処理したところ、放射性セシウムの半分がバリウムになったと報告されている。オオマサガスが排出するものは水だけであり極めて発毒性が少ないと推測されている。これらの研究については一般人はもっと進めてほしいと願うだろうが、それを妨害しているのが原子力ムラなのである。ちなみに日本の新エネルギーに関する安全審査は原子力安全保安院が担当らしい。

既存の科学の嘘と科学的根拠

このような放射性物質の除染は元素転換によって行われるという推測が一般的である。元素転換というとなにやらオカルトっぽいイメージがつきまとうが、これは生物の中では普通に行われていることである。たとえば有名な話では鶏卵の話などがある。卵はカルシウムが多量に含まれているが、まったくカルシウムを与えない鶏でも卵を産み続けるし、微量に入ったとしても接種したカルシウムより、卵として使われるカルシウムの方がはるかに多い。つまり栄養学やミネラル学だけではこのことは説明できないのだ。これを解明するために、現在は量子力学的な考え方を応用することが多い。逆説的にいえば、ここでも既存科学の嘘が蔓延っているということだ。

科学的根拠などというものは、最初はオカルトと呼ばれるものから入ってきたのが歴史である。ここに記載した以外にも除染に役立つといわれている技術が、実は全然役に立たないものである場合も必ず存在するであろうと推測される。だからこそ技術者や科学者はそのことをより深く研究し実践しなければならないのに、当の科学者や医学者自身が利権業者に魂を売り、より除染に役立つ技術、普遍化などを怠っているのだ。我々は次世代の子どもたちの為にもそのような技術を確立させ、普及させる役目を背負っているのである。

Chapter
21

除染や解毒よりもやらねばならないこと

陰謀論という言葉の使い方

これまで多くのことを書いてきたがこの章が最終章である。最後だと読むのに飽きてしまってあまり目を向けられないかもしれないが、私はこの章に書いたことが最も重要であると確信している。それは難しい話でもなんでもなく至極当たり前の話ながら、確かに非常に難しい問題であることは否めない。

この世界は醜い裏と闇ばかりの世界である。気付かなければそれはまるで自由でやさしい世界のように思えるが、実際は奴隷工場でありすべての人々が洗脳されている。これに気付くためには医学から追うか、食から追うか、放射能から追うかがわかりやすい。そうやっていろいろなものの裏を見ようとすると、世の中では陰謀論などといわれるものに遭遇する。しかしこんなあからさまなシステムにおいて、陰謀論などという言葉を使うこと自体がナンセンスでなのである。もちろん陰謀論的なものにおいては証明しにくい、証明できないものが存在するが、証明できないのをいいことに証明できないことを一切受け入れないという、ある意味自閉症的に日本人は頭が固い人ばかりのようだ。

肯定派と否定派

私は著書『99％の人が知らないこの世界の秘密』において、陰謀論的な話題について扱ったし、その中でいわゆる世の中ふうにいう陰謀論を完全には信じていないとも書いた。なぜなら私はそのようなトップの中のトップに会ったこともないし、それを指摘する人々でも政治家や経済界のトップくらいには会ったことがあっても、やはり更に上の存在たちには会ったことがないからだと書いた。しかし陰謀論に関していえばほとんどすべてが陰謀論肯定派（というより心酔的）と、陰謀論否定派（というより狭量的全盲的）の二つしかないように見える。それがよくないと私は思う。

陰謀論否定だけを考えるなら、そのようなシステム奴隷的な構図を作るのに、もっとも利用してきたのが科学である。なのに科学の構図や科学の違いや嘘も知らないくせして、相手に科学的根拠を求める人が後を絶たなくなった。だが現実の世界を見てみるとその科学を利用し悪用し捏造しているのが、大企業たちであり御用学者たちであり優生学者たちである。つまり科学で追えば追うほどにその人間たちの術中に入る構図となっている。そして科学信仰しかない馬鹿者たちを相手にしているのは、もはや時間の無駄なのである。陰謀論を考えるなら、おたくクサい知識を持っていても意味はなく、この世界とシステムの構造をどう変えるかに活用しなければならない。残念ながらそれが肯定派であれ否定派であれ、情報を探すことばかりで頭を使うことができなくなっているのが現実なのだ。否定する人々は、往々にしてその話のアラを探すことだけに終始する。肯定する人々は御用学者が出したものしか信じない。そうやって自分の考えが狭量的に陥っていることには気付いてない。

情報や知識を活用できていない人々

陰謀論やその周囲のことや放射能を考えるときに最も重要なことは、それをネットや著書で情報として集めることでもない。それよりも陰謀論を原発問題につなげ、市民レベルの人間が考える時重要なのは、構造やシステムに対しての理解につなげること、そして自分自身を自由でより知らない世界の思考へとつなげていくことだ。さらにいえばいったい本当のところどうなっているのかという、社会暗部の暴露と社会変革へとつなげていき、たとえば政府レベルでもこのような陰謀論のキワモノに関してどうであるのか、内部資料もすべて提出させるくらいにまでできるようにすることなのだ。しかし残念ながら現代の人類はこのように考え動くことができないのが現状である。それを思えば集団的自衛権だろうが原発だろうがなんだろうが、やりたい放題されるのが当然というのが現在の状況なのだろう。

☢ 次世代のためにやるべきこと

次世代のためにできることはいったいなんなのか。もちろん即時的かつ対症療法的には内部被ばくを避け、解毒を意識して行い自分と家族の健康を維持することだろう。社会としては除染の技術を開発して広げることだろう。しかしそれは本質的な目的ではない。生きるということは健康を目的にしているわけではなく、健康はより充実した人生を生きるための手段でしかない。我々現代人の体力は今や落ちており、周囲を取り囲む社会毒のほうが上回っている。その結果放射能に限らずとも、日本人は病気だらけであり奴隷化は止まることがない。逆説的にいえば、その認識によってのみ、放射能も社会毒も防御でき、放射能の影響をなるべく受けない生活をすることができる。

人工的に作られた放射能は、東日本大震災のずっと以前から日本に普通にあった。世界各地で行われた原爆実験やチェルノブイリ原発事故などの影響により、人工的な放射能は日本に存在していたのだ。つまりそれらの歴史や地球の汚染そのものを考えることなく、福島の放射能を過剰に恐れるだけでは問題は解決しないのである。

放射能から身を守り、消失させることは、私は可能だと考えている。

しかし、国家や大企業の妨害や非協力的な態度によって、政策はそうした方向に進んでいない。この国では放射能の深刻な問題ですら、カネに換えようとする人間でごった返しているのが現状だ。放射能の問題によってカネを得たいのか、もしくは次世代のために放射能の問題を解消したいのか、あなたがどちらの側に立つのかは、自分で決めるしかないのである。私は最後の一人になっても後者に立ちたいと強く願う。

核で金儲けするという発想を捨てる

人は失敗を糧として、成長する力を持っている。私とて昔から原発に反対していたわけではない。3・11が多くの人に影響を与えたのと同じく、私もその影響を等しく受けている。その問題を認識するときに、私たちは一度自分を全否定できなければならない。それがあってこそ初めて本当の変化が訪れ、市民にとってよりよい世界が実現しうる。福島で原発が爆発した以上、私たち人類はこの事実を深く反省し、核という危険な物質で金儲けをするという発想を捨てるしかないのだ。そして真に人間として成長するための方法を模索せねばならない。そうでなければ地球は汚れる一方であり、子どもたちはひたすら病気や死に向かっていく。はっきりいえば私にとって、放射能の影響が低い大人や老人などどうでもいいことである。古代民族たちは何よりも次世代の子供を優先し、インディアンはすべての物事は7世代先を考えて決定すると述べた。いまの時代のどこにそのような真の生物が存在するだろうか。国のため、国民のためとホザキながらやっていることは経済とカネの問題でしかない。

もはや人間は動物より退化した

人類は常に自らの精神と責任を放棄し、自らの力でこの世界を浄化し自らの力だけで立ち上がることを放棄してきた。もはや人類が一個の動物としておのれの生存を第一と考えて行動する時代は終わった。地球は末期の病に侵されており、滅びるのを待つのみである。見ないふりをしても目の前にある現実は変わりはしない。人間のたくさんの血が流れ動物のたくさんの血が流れ、植物は埋め尽くされるがままに搾取され食いつくされている。人類はすべて悪魔に魂を売り払い、それを正当化するに至った。自由や権利には常に責任が一体であり、人類は常に最も愚かな存在として永遠に学び続けることが宿命づけられている。あなた方は常に選択する必要があり、奴隷であることをやめ、輪廻さえ超えるべく努力する必要がある。生命を常に感じ地球と宇宙を同一のものと考え、相似形であることに思いを致す必要があり、生の根源に思いを致す必要がある。動物はそれを本能的にわかっているが、もはや人間は動物よりも退化した生物となってしまったのだ。

☢ 地球が人類を抹殺する日も近い

日本では多くの自称発信者とか世直しだとか名乗ってるクズがいるようである。しかしよく観察してみるとその人間たちは、ネットで騒いでいるくらいがせいぜいであり、そもそもどこの誰かもわからないし、何をやっているかもわからないことがほとんどである。しかし彼らは己を正しいと表現し正しい情報ばかりを欲し、自分の立ち位置を正しくしたくてしょうがない様子である。しかしあなたがた全人類が正しいという言葉を使うなど、恥知らずも甚だしい限りである。私は自分で勉強したことを著書にもFBにも講演にも診療にも提示しているが、自分が正しいとだけは思いたくない。人類はこの世界で一番のがん細胞であり、すべての人類こそがこの地球を徹底的に破壊しているのだ。私はまったく汚すなとはいえない。それは生きていくうえで避けることは出来ないからだ。しかしそうでありながら己の正しさを名乗る連中は、単に原発行政と同じダブルスタンダードを行っているに過ぎない。あなた方のつまらないヒューマニズムも、つまらない快楽主義も、つまらないエセ自然主義も、この私は一つたりと必要としていない。

我々人類はもはや微塵たりとも自己正当化を交えることは許されない状況なのである。我々人類は一切足りと自己正当化することは許されない立場ながら、それでもこの地球や次世代のために骨を折ることしか許されていない。市民はすべて立ち上がり、放射能や原発行政のすべてを根こそぎ叩きのめすしかないのだ。地球が私たち人類を抹殺する日も近い、私はそう強く思って日々これからも活動していきたい。この本を読んだ多くの方も、今の十倍二十倍、日本と地球と自然のために頑張っていただきたいと願うのみである。

おわりに

この放射能と原発に関する本を書いている過程で、私は極めてブルーな気持ちになったことは否めない。もちろん大半はわかっていたことなのだが、あらためて情報をかき集めて突きつけられると絶望的な未来しか存在しないのではないか、そう思うことしかできないのはみなさんも同じだと思う。私はよくエピローグに自分の娘や家族のことを書くが、放射能問題を考えると自分の娘の将来は当然心配である。

しかし人間というのは一度落ち切るところまで落ちなければ、決して上がってこれない生物であると私は思っている。人類は現在徹底的なまでに原理原則、根本や根幹などという概念について思考しようとしない。そして自分で調べ、自分で考え、自分で選択し、自分で責任を取ることをしない人がすべてを占めるようになった。私はどこまでも質問されることが多い立場だが、質問している人たちはすでに依存症なのではないかと自覚できるだろうか？ もちろん私も質問することは少々あるが、人間は人間の依存性を自覚せずして、今の状態を打破し状況を改善することはできないのである。

そして私たちは知識を持たないから愚かだというわけではない。逆になにか詳しい知識をもっているから賢者なわけではない。これはネットを中心にわかったふりをしている発信者がまさにそうである。知性や知恵と知識は違うものである。子供はそれを持っていて知識などろくに持っていないが、真理には彼らのほうがよほど近かったりする。確かに政治家も原子力ムラも医者たちも悪魔の手先であることは間違いない。しかしそもそもそれを跳梁跋扈させたのは市民たちでもある。つまりこの世界においてすべての問題の根幹は自分たちがつくったものになっている。自分たちがこの操っているシステムの矛盾と操っている連中に気付けば、劇的なまでに変化が訪れるがそれさえもほんの一握りしか気付いていない。そしてその気付いたふりの人々も自己正当化が強い、だから私は人類に期待がもてないのである。

医学の分野においてこの病気がどうたらあの治療法がどうたら言っていても意味はない。医学は殺人と金儲けのために存在することを知っていればいいことである。食の分野であの食材がいいとか悪いとかGMO（遺伝子組み換え食品）がいいとか悪いとか言っていても意味はない。食学とは地球を汚染し病気を作り、金儲けするために存在することを知っていればいいことである。政治も経済も福祉も教育もすべてそうである。それを知恵として理解していればそもそも学問になど頼らず、学問に自分が振り回されることもない。そもそも科学が間違っていることも容易に見抜くことができる。だから放射能については内部被ばくだホルミシスだもそもそも意味がないのだ。その危険とシステムを知っていれば細かい話は知らなくても本当はいいのだ。

我々はまず真の因果関係を知ったほうがいい。その表面に現れた何かや現象にとらわれてはならない。そして因果の輪を乗り越えるためには自覚と発想の転換こそが必要である。人類の思想の根幹的問題である「その場しのぎ」であったり、「対症療法」であったり、「臭いものに蓋をする」ことをもうやめる必要があるのだ。自分がバカであると認めること、少々知識を得ようが今でもバカだと認めることこそが、バカから抜け出すための基本である。自分がそう思えた瞬間に次に何をすべきかが見えてくる。

私が東京に住んでいる理由は危険の管理が自分でできるのではという考えもあるが、逃げてはいけないのではないかという考えもあってのことである。これは単なる驕りかもしれないし、そういわれても否定はしない。もちろん娘の内部被ばく対策はやっているが、それさえ小さな人間の勘違いかもしれない。ただ私は物事において解決というのは、根本的な解決をもってのみ解決だと思っているので、その本当の解決のためだけに活動したいし、そのためにも東京にいることは意味があると思っている。もちろん東京は放射能だけでなく怖いことがいっぱいあり、危険だけでいえば大地震のほうがはるかにリスキーだと思っている。ただ日本はご存知のように地震大国でもあり、やはり逃げても意味はないのかとも思っている。

私たちがこの世界を変えたいと願っているのなら、いくつかのことは考えておく必要がある。まずあなたが他の人を変えようと思っても、他の人は変えられないのだ。だから私は自分を変えることにした。今のような活動をしだしたのは7年前だが、その7年前と私は明らかに思想が違うことを、多くの人に指摘されている。娘はもちろん私の影響を受けるだろうが、私が娘を変えることはよくないという思いが強い。といっても子育て上無理という面は否定できないが、だからこそ私は最初に自分が変わるということをイメージした。そして私はこの先も変化し続けたいと思っている。我々が最初にやらねばならないことは自分の愚かさと人間の愚かさを知り、自分をこそ変えるということなのだ。

自分が信じている真実でさえも、実際には自分が作っていて真実ではない。その真実はどこにもないことから始めなければ変化が起こることはなく、重要なことは事実でさえなく真実でさえないのだ。もちろん複数の観点から事実に近いものや従うに値するものはあるかもしれないし、この著書もそういうつもりで書いているのだが、結局最も大事なものは自分の考えと行動なのだ。私はたまに講演でこの表現をするが、「人類70億人と娘のどちらを選ぶかといわれたら間違いなく娘を選ぶ。」と必ず述べる。実はその先には続きがあって、おそらく娘が生むであろう孫やその先の子どもを選ぶのである。そこにきれいごとは必要ない。なぜこのような著書を書くのか、なぜいろいろな活動をするのか、その原点はすべてここにあるので人類のために働いている気持など毛頭ない。私の心の中では人類など滅んでもらっても結構なのだ。

スピリチュアルなどという世界を望んだりそれを自称する人々は、みな人に許しを与えるかのように述べるが、自分の矛盾と愚かさと裏の醜さを指摘されたときにすぐに逆ギレする。スピリチュアルなど所詮そんなものであり、それは人類が変化しこの世界を変えようとすることを強力に阻害するだろう。

世界から武器をなくすことを思い浮かべても実際に武器はなくならない。世界からドラッグをなくすことを思い浮かべても実際にドラッグはなくならない。世界から差別をなくすことを思い浮かべても実際に差別はなくならない。世界から貧困をなくすことを思い浮かべても実際に貧困はなくならない。世界に幸せをもたらすことを思い浮かべても実際に幸せは訪れていないのだ。そして世界から放射能をなくそうと思っても放射能はなくならない。我々がやる必要があることは、どうとでもなるような思いや愛や癒しや知識などではなく、意志であり行動である。

私は自分を助けてくれた家族のためにそれをやり続けたいと思う。

２０１５年2月　内海聡

内海先生の人気書籍
こちらもぜひお読みください！

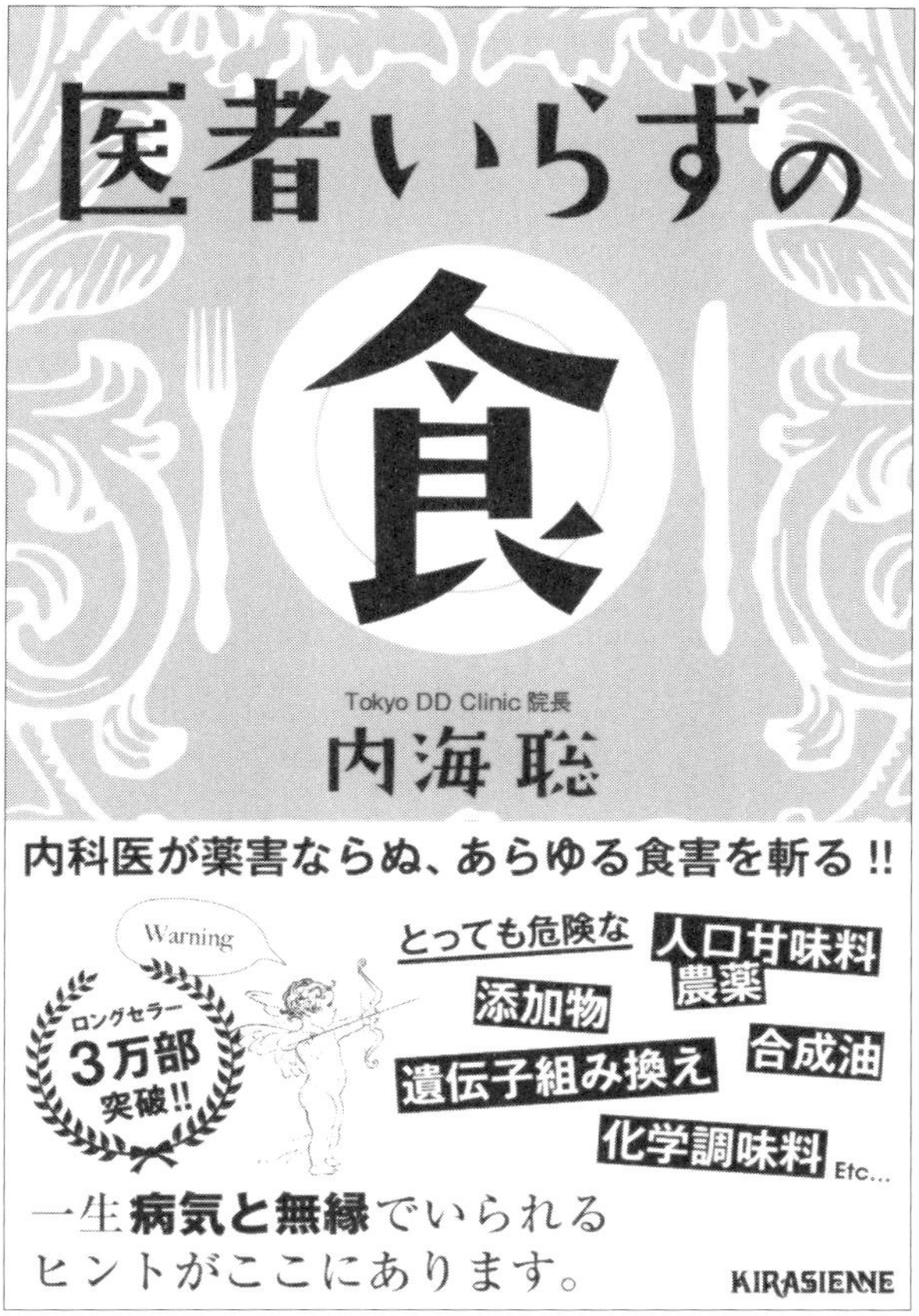

医者いらずの食

内海聡

1,400円+税／ ISBN 978-4-906913-19-0

放射能と原発の真実

初版発行　2015年3月6日
二刷発行　2021年8月20日

著者　内海聡

発行人　吉良さおり
発行所　キラジェンヌ株式会社
東京都渋谷区笹塚3-19-2 青田ビル2F
TEL：03-5371-0041　FAX：03-5371-0051

印刷・製本　日経印刷株式会社

Printed in Japan
ISBN 978-4-906913-30-5

デザイン　久保洋子
写真　Chocco Suzuki